LA GRAN ODISEA COSMICA III

TOMO III

AUTOR: DR. JOSE ANGEL MUÑOZ IBARRA.

DURANGO, DGO. MEXICO.

INVIERNO DEL 2024.

CONTENIDO

INTRODUCCIÓN

Los Viajes Educativos hacia una Visión Cósmica y Humanizante

Los viajes, en cualquier escala, tienen el poder de transformar nuestra percepción del mundo y de nosotros mismos. Desde recorrer un nuevo paisaje terrestre hasta explorar los confines del cosmos, cada travesía es una oportunidad de aprendizaje profundo, un puente hacia el conocimiento y una conexión más íntima con nuestra existencia. En este contexto, los viajes no solo educan; también humanizan.

La exploración cósmica nos ofrece una perspectiva única: nos sitúa como habitantes de un vasto universo, lleno de maravillas y misterios, pero también nos recuerda nuestra pequeñez y nuestra interconexión con todo lo que existe. Al comprender los procesos que dieron origen a las estrellas, los planetas y la vida misma, no solo expandimos nuestro conocimiento científico, sino que también profundizamos en nuestra capacidad de asombro y humildad. Es esta visión cósmica, unida a una reflexión humanista, la que da verdadero sentido al hecho de formar parte del universo.

El cosmos no es solo un escenario lejano y frío; es nuestro hogar extendido, y explorarlo nos educa en la curiosidad, la resiliencia y la empatía. Cada descubrimiento astronómico nos invita a reflexionar sobre nuestro propósito, sobre la importancia de cuidar nuestro mundo y sobre la posibilidad de un futuro compartido en las estrellas. Así, los viajes educativos al cosmos —ya sean reales, imaginados o conceptuales— no solo iluminan las leyes que gobiernan el universo, sino que también fortalecen el espíritu humano, conectándonos con lo que verdaderamente importa: la búsqueda de significado, la unión y el progreso compartido.

Este viaje es una invitación a mirar más allá, pero también hacia dentro, para reconocernos como parte de algo infinitamente mayor y maravillosamente conectado. Porque viajar, en el cosmos o en la mente, no solo nos lleva lejos; también nos lleva más profundamente a nosotros mismos.

APLICACIONES DIDÁCTICAS BASADAS EN LA ODISEA CÓSMICA

Propuestas didácticas generales que integran los temas abordados en la odisea cósmica, adaptadas para diferentes niveles educativos y disciplinas. Estas actividades fomentan el pensamiento crítico, la creatividad y la conexión entre ciencia, filosofía y exploración.

---

1. Exploración del Sistema Solar

Objetivo: Comprender la estructura y dinámica del sistema solar, incluyendo planetas, lunas y asteroides.

Aplicación Didáctica:

- **Modelo Escalable del Sistema Solar:**
  - Los estudiantes crean un modelo físico o digital a escala del sistema solar, utilizando proporciones para representar distancias y tamaños.
  - Reflexión: Analizar las dificultades de representar escalas astronómicas y cómo estas limitaciones afectan nuestra percepción.
- **Misión Interplanetaria:**
  - Diseñar una misión hipotética a un planeta o luna, considerando objetivos científicos, diseño de la nave y desafíos técnicos.
  - Evaluar cómo las tecnologías actuales y futuras pueden superar las limitaciones de exploración.

2. Agujeros Negros y Materia Oscura

Objetivo: Introducir conceptos avanzados de astrofísica en un formato accesible.

Aplicación Didáctica:

- **Simulación de Agujeros Negros:**
  - Usar simuladores interactivos en línea (como NASA's Eyes o Stellarium) para explorar cómo un agujero negro afecta su entorno.
  - Reflexión: ¿Cómo la gravedad extrema redefine el concepto de espacio y tiempo?
- **Debate: "¿Qué sabemos sobre la Materia Oscura?"**
  - Organizar un debate basado en artículos científicos y divulgativos, donde los estudiantes defiendan diferentes teorías sobre la materia oscura.
  - Evaluar la importancia de la incertidumbre científica en la búsqueda del conocimiento.

---

3. El Multiverso y la Singularidad Inicial

Objetivo: Explorar conceptos teóricos como la inflación cósmica y los universos paralelos.

Aplicación Didáctica:

- **Historia Gráfica del Universo:**
  - Crear una línea de tiempo ilustrada que represente los eventos principales desde la singularidad inicial hasta la formación de estructuras galácticas.

- Reflexión: ¿Qué implicaciones tiene la inflación cósmica en la comprensión del espacio y el tiempo?

- **Diseño de Universos Alternativos:**
    - Proponer un universo paralelo con leyes físicas diferentes, explicando cómo estas afectarían la vida y las estructuras cósmicas.
    - Reflexión: ¿Qué revela esto sobre la singularidad de nuestro universo?

---

4. Filosofía del Cosmos

Objetivo: Relacionar la exploración cósmica con reflexiones filosóficas sobre la existencia y el lugar de la humanidad en el universo.

Aplicación Didáctica:

- **Ensayo Filosófico:**
    - Escribir un ensayo basado en la pregunta: "¿Qué significa para la humanidad ser consciente de su lugar en un cosmos infinito?"
    - Relacionar el texto con conceptos como el multiverso o la red cósmica.

- **Círculo de Lectura:**
    - Leer fragmentos de *Cosmos* de Carl Sagan o *Breve Historia del Tiempo* de Stephen Hawking y discutir cómo estos textos influyen en nuestra visión de la vida y el universo.

---

5. Tecnología y Exploración Espacial

Objetivo: Analizar los avances tecnológicos necesarios para la exploración del cosmos.

Aplicación Didáctica:

- **Diseño de Tecnología Espacial:**
  - Crear prototipos simples (físicos o digitales) de naves espaciales, considerando fuentes de energía, propulsión y sistemas de soporte vital.
  - Reflexión: ¿Cómo las limitaciones tecnológicas actuales influyen en nuestra capacidad de explorar el cosmos?
- **Investigación sobre Energía Oscura:**
  - Simular experimentos o proyectos hipotéticos para medir la energía oscura utilizando observaciones astronómicas.
  - Reflexión: ¿Cómo la comprensión de esta fuerza invisible puede transformar nuestra visión del universo?

---

6. Astronomía y Arte

Objetivo: Conectar la ciencia con la creatividad artística para visualizar conceptos abstractos.

Aplicación Didáctica:

- **Creación de un Cosmos Artístico:**
  - Usar herramientas de arte digital para diseñar representaciones de galaxias, cúmulos estelares o estructuras cósmicas complejas.
  - Reflexión: ¿Cómo el arte puede ayudar a comunicar ideas científicas complejas?

- **Poesía Cósmica:**
    - Escribir poemas inspirados en la vastedad del universo y en los descubrimientos de la odisea cósmica.
    - Reflexión: ¿Qué emociones despierta la inmensidad del cosmos?

---

7. Exploración del Multiverso en Grupos

Objetivo: Fomentar el trabajo colaborativo en torno a un tema abstracto pero fascinante.

Aplicación Didáctica:

- **Creación de un Multiverso Colaborativo:**
    - Dividir a los estudiantes en grupos, donde cada uno diseñe un universo con sus propias leyes físicas y características. Al final, los grupos conectan sus universos en una narrativa común.
    - Reflexión: ¿Qué aprendemos sobre nuestro propio universo al imaginar otros?

Estas aplicaciones permiten transformar los conceptos de la odisea cósmica en herramientas educativas dinámicas que combinan ciencia, creatividad y reflexión crítica. ¡Con ellas, cualquier aula puede convertirse en un laboratorio del universo!

MARCO TEORICO PREVIO DE LA ODISEA DEL ESPACIO III

LA TEORÍA DEL CAOS: UNA INTRODUCCIÓN COMPLETA

La **teoría del caos** es un campo interdisciplinario que estudia sistemas dinámicos complejos y aparentemente impredecibles. A pesar de su nombre, no implica desorden absoluto, sino que explora cómo patrones y estructuras pueden surgir en sistemas que son altamente sensibles a las condiciones iniciales. A continuación, se detalla esta fascinante teoría desde sus fundamentos hasta sus aplicaciones más avanzadas.

---

1. Fundamentos de la Teoría del Caos

A. Definición básica

La teoría del caos describe el comportamiento de sistemas dinámicos no lineales que son:

- **Altamente sensibles a las condiciones iniciales** : Cambios minúsculos en los valores iniciales pueden generar diferencias drásticas en el comportamiento del sistema, un fenómeno conocido como el **efecto mariposa** .
- **No predecibles a largo plazo** : Aunque las ecuaciones que rigen el sistema son deterministas, su comportamiento es intrínsecamente impredecible debido a su complejidad.

B. Origen y desarrollo

- **Edward Lorenz (1963)** : El meteorólogo Lorenz estudió modelos meteorológicos y observó que pequeños cambios en las condiciones iniciales generaban predicciones climáticas radicalmente diferentes. Esto llevó al concepto del **efecto mariposa.**

- **Henri Poincaré (Siglo XIX)** : Aunque no desarrolló la teoría del caos como la conocemos hoy, Poincaré investigó sistemas dinámicos y señaló la dificultad de predecir el movimiento a largo plazo en sistemas no lineales.
- **Mandelbrot y los Fractales** : Benoît Mandelbrot introdujo el concepto de fractales, que son estructuras geométricas autosimilares relacionadas con la teoría del caos.

C. Características Clave

1. **Sensibilidad a las Condiciones Iniciales** : El efecto mariposa ilustra cómo pequeñas diferencias en el estado inicial de un sistema pueden amplificarse exponencialmente con el tiempo.
2. **Dinámica No Lineal** : Los sistemas caóticos son regidos por ecuaciones no lineales, donde los efectos no son proporcionales a las causas.
3. **Aparición de Patrones** : Dentro del caos pueden surgir patrones estructurados y recurrentes.
4. **Atrayentes Extraños** : Representan estados hacia los cuales evoluciona un sistema caótico, aunque su trayectoria dentro del sistema sea impredecible.

---

2. Efecto Mariposa: Sensibilidad a las Condiciones Iniciales

A. Concepto del Efecto Mariposa

El término "efecto mariposa" fue acuñado por Lorenz y se refiere a la idea de que el aleteo de una mariposa en Brasil podría desencadenar un tornado en Texas debido a pequeñas perturbaciones en un sistema interconectado como la atmósfera.

B. Ejemplos Reales

1. **Clima** : Los modelos meteorológicos son caóticos, lo que hace que las predicciones más allá de cierto límite de tiempo sean imposibles con precisión absoluta.
2. **Mercados Financieros** : Los pequeños eventos pueden tener efectos significativos en las fluctuaciones del mercado.
3. **Biología** : Ecosistemas donde pequeñas variaciones en poblaciones pueden alterar dinámicas enteras.

---

3. Herramientas Matemáticas y Representación de Sistemas Caóticos

A. Ecuaciones Diferenciales No Lineales

- Los sistemas caóticos son descritos por ecuaciones diferenciales que incorporan no linealidades. Ejemplo clásico: el **modelo de Lorenz** :

- dx elo $= \sigma(y-x)$, dy el o $= x(\rho-y)-y$, dz elo $= xy-\beta z$,

  Dónde σ, ϱ, y β son parámetros que determinan el comportamiento del sistema.

B. Atrayentes y Espacios de Fase

- **Atrayente Extraño** : Un conjunto hacia el que converge un sistema caótico a pesar de la imprevisibilidad en sus trayectorias. Ejemplo: el **atrayente de Lorenz.**

- **Representación en el Espacio de Fase** : La trayectoria de un sistema caótico se visualiza en un espacio de fase, mostrando su evolución temporal.

C. Fractales y Geometría

- Los fractales están íntimamente relacionados con la teoría del caos. Representan estructuras autosimilares que surgen en muchos sistemas caóticos, como los patrones climáticos o las formas de las costas.

---

4. Aplicaciones de la Teoría del Caos

A. Ciencias Naturales

1. **Meteorología** : Estudio del clima y predicciones meteorológicas, con énfasis en entender los límites de la predictibilidad.
2. **Biología** : Dinámicas de poblaciones, propagación de enfermedades, y evolución de ecosistemas.
3. **Física** : Sistemas caóticos en mecánica cuántica, turbulencia de fluidos y dinámica estelar.

B. Ciencias Sociales y Económicas

1. **Economía** : Modelos de fluctuaciones en mercados financieros, predicciones económicas a largo plazo.
2. **Psicología** : Modelos de comportamiento humano y dinámicas grupales, incluyendo la aparición de patrones en sistemas aparentemente impredecibles.

C. Ingeniería y Tecnología

1. **Control de Sistemas** : Diseño de sistemas robustos que operan dentro de rangos caóticos.
2. **Procesamiento de Señales** : Análisis de señales caóticas en telecomunicaciones y circuitos eléctricos.

D. Cosmología y Astronomía

1. **Órbitas Planetarias** : Sistemas como el sistema solar, donde pequeñas variaciones iniciales pueden tener consecuencias importantes a largo plazo.

2. **Formación de Estructuras Cósmicas** : Estudio de la formación de galaxias y cúmulos a través de dinámicas caóticas.

---

5. Implicaciones Filosóficas y Conceptuales

A. Desafío al determinismo

Aunque los sistemas caóticos están regidos por leyes deterministas, su sensibilidad a las condiciones iniciales hace que el largo plazo sea impredecible, desafiando el concepto clásico de determinismo.

B. Orden en el Caos

La teoría del caos muestra que incluso en sistemas aparentemente desordenados pueden surgir patrones, estructuras y regularidades, lo cual replantea nuestra comprensión de orden y desorden.

C. Complejidad y Realidad

La teoría del caos ofrece una visión de la realidad donde las relaciones no lineales dominan, sugiriendo que los sistemas complejos están más cerca de la naturaleza del universo que los modelos lineales simplificados.

---

6. Ejemplos Prácticos de Sistemas Caóticos

A. Modelo del clima

- El sistema climático global es un ejemplo clásico, donde múltiples variables interdependientes generan patrones impredecibles a largo plazo.

B. Flujo turbulento

- La turbulencia en fluidos es caótica, con movimientos impredecibles, pero con patrones recurrentes como vórtices.

C. Péndulo Caótico

- Un péndulo doble es un sistema simple que exhibe comportamiento caótico, demostrando la sensibilidad a las condiciones iniciales.

---

7. Limitaciones y críticas

A. Herencia del Modelo

Los sistemas caóticos dependen de modelos matemáticos, pero estos modelos son aproximaciones, y cualquier simplificación puede influir en los resultados.

B. Predictibilidad a Corto Plazo

Aunque los sistemas caóticos son impredecibles a largo plazo, a corto plazo pueden seguir siendo útiles para hacer predicciones.

C. Complejidad computacional

Los cálculos relacionados con sistemas caóticos suelen ser complejos y requieren recursos computacionales avanzados.

---

8. Conclusión

La ***teoría del caos*** *ha transformado nuestra comprensión de los sistemas complejos, revelando que incluso en la aparente aleatoriedad pueden existir patrones y estructuras. Su interdisciplinariedad ha llevado a avances en campos tan variados como la física, la biología, la economía y la filosofía, mostrando que el caos no es el fin del conocimiento, sino el inicio de una comprensión más profunda del universo y su funcionamiento.*

EL EFECTO MARIPOSA: UNA INTRODUCCIÓN COMPLETA

El **efecto mariposa** es un concepto central en la **teoría del caos** que describe cómo cambios minúsculos en las condiciones iniciales de un sistema pueden provocar consecuencias exigentes diferentes en su evolución a largo plazo. Este fenómeno subraya la sensibilidad extrema de ciertos sistemas dinámicos, donde una pequeña perturbación puede amplificarse exponencialmente con el tiempo, haciendo que el comportamiento final sea prácticamente impredecible. A continuación, se presenta un análisis completo de este fascinante fenómeno, desde sus orígenes conceptuales hasta sus aplicaciones e implicaciones.

---

1. Origen del concepto

A. Introducción de Edward Lorenz (1963)

El término "efecto mariposa" fue acuñado por el meteorólogo **Edward Lorenz** , quien estudiaba modelos de predicción climática. Durante una simulación en 1961, Lorenz notó que pequeñas variaciones en los datos iniciales (de apenas unas milésimas) generaban resultados completamente diferentes en las predicciones climáticas. Esto llevó a la conclusión de que los sistemas climáticos son intrínsecamente sensibles a las condiciones iniciales.

B. Metáfora del Aleteo de la Mariposa

En 1972, Lorenz presentó la metáfora del efecto mariposa en una conferencia con el título: **"¿Puede el aleteo de las alas de una mariposa en Brasil provocar un tornado en Texas?"**
Esta imagen ilustra cómo pequeñas perturbaciones locales pueden amplificarse a través de un sistema interconectado, como el clima.

---

2. Definición del Efecto Mariposa

A. Sensibilidad a las Condiciones Iniciales

El efecto mariposa describe la **sensibilidad extrema a las condiciones iniciales** en sistemas dinámicos no lineales. Esto significa que:

- Cambios minúsculos en el estado inicial de un sistema pueden provocar resultados completamente diferentes a largo plazo.
- Esta sensibilidad limita la capacidad de predecir el comportamiento de ciertos sistemas complejos.

---

3. Características del Efecto Mariposa

A. Determinismo versus Impredecibilidad

- Aunque los sistemas caóticos están gobernados por leyes deterministas, su sensibilidad a las condiciones iniciales los hace impredecibles a largo plazo.
- Esto significa que, aunque las reglas son claras, los resultados no lo son debido a la amplificación de pequeñas variaciones.

B. Sin linealidad

- Los sistemas donde ocurre el efecto mariposa son **no lineales** , lo que significa que los cambios no son proporcionales a las perturbaciones iniciales.

C. Aparición en Sistemas Interconectados

- Los sistemas interdependientes, como el clima, los ecosistemas o los mercados financieros, son particularmente susceptibles al efecto mariposa, ya que pequeños cambios en una parte del sistema pueden propagarse y amplificarse.

---

4. Ejemplos del Efecto Mariposa en la Naturaleza y la Ciencia

A. Clima

- El ejemplo clásico es el sistema climático. Pequeñas perturbaciones, como una ráfaga de viento o el cambio en la temperatura de un océano, pueden alterar patrones climáticos a gran escala, haciendo que las predicciones meteorológicas sean inciertas más allá de ciertos límites temporales.

B. Ecosistemas

- Un cambio pequeño en una población (por ejemplo, la introducción o desaparición de una especie) puede causar efectos en cascada en un ecosistema entero, alterando dinámicas como la cadena alimentaria.

C. Mercados Financieros

- En economía, pequeños eventos locales, como una decisión política o un rumor en el mercado, pueden desencadenar reacciones globales inesperadas debido a la interconexión de los sistemas financieros.

D. Astronomia

- Las órbitas planetarias pueden ser caóticas en escalas de tiempo muy largas, lo que significa que pequeños cambios en las posiciones iniciales de los cuerpos celestes pueden alterar sus trayectorias futuras.

E. Biología

- En biología, el efecto mariposa aparece en sistemas genéticos y evolutivos. Un pequeño cambio en una mutación genética puede tener efectos significativos en la evolución de una especie.

---

5. Herramientas para estudiar el efecto mariposa

A. Simulaciones Computacionales

- Los sistemas sensibles a las condiciones iniciales son modelados mediante simulaciones computacionales que permiten visualizar cómo pequeñas perturbaciones iniciales se amplifican con el tiempo.

B. Espacios de Fase y Atrayentes

- Las trayectorias de sistemas caóticos se representan en **espacios de fase** , donde el comportamiento del sistema puede visualizarse como un conjunto de curvas o un **atrayente extraño** , que describen cómo el sistema evoluciona con el tiempo.

C. Métodos estadísticos

- En sistemas donde el efecto mariposa impide predicciones precisas, se utilizan modelos estadísticos para evaluar probabilidades en lugar de determinismos absolutos.

---

6. Implicaciones Filosóficas y Científicas

A. Desafío al Determinismo Clásico

- El efecto mariposa pone en cuestión la visión tradicional del determinismo, según la cual, si conocemos las condiciones iniciales con precisión, podemos predecir el futuro del sistema.

B. Limitaciones de la Predictibilidad

- Incluso con modelos avanzados, el efecto mariposa muestra que ciertos sistemas son internamente impredecibles a largo plazo. Esto tiene implicaciones en campos como la meteorología, la economía y la planificación estratégica.

C. Conexión con el Azar.

- Aunque los sistemas caóticos son deterministas, su impredecibilidad los hace parecer aleatorios. Esto plantea preguntas filosóficas sobre la relación entre el caos, el azar y la causalidad.

D. Reflexión sobre Interconexión

- El efecto mariposa enfatiza la importancia de las interconexiones en los sistemas complejos, recordándonos que pequeñas acciones pueden tener impactos significativos en el mundo.

---

7. Aplicaciones Prácticas del Efecto Mariposa

A. Predicción meteorológica

- Los límites en la predicción del clima están directamente relacionados con el efecto mariposa. Los modelos actuales intentan minimizar la incertidumbre utilizando datos más precisos y algoritmos avanzados.

B. Gestión de Ecosistemas

- Entender cómo las pequeñas perturbaciones afectan los ecosistemas puede ayudar en la conservación y manejo de recursos naturales.

C. Planificación en Economía

- El conocimiento del efecto mariposa ha llevado al desarrollo de modelos económicos más resilientes que consideran la propagación de perturbaciones locales.

D. Inteligencia Artificial y Modelado

- Los sistemas caóticos inspiraron modelos en inteligencia artificial para manejar datos complejos y predecir patrones en sistemas dinámicos.

---

8. Ejemplo Simbólico y Real: ¿La Mariposa?

A. Metáfora y Realidad

- Si bien el aleteo de una mariposa no desencadenará literalmente un tornado, es un símbolo poderoso para ilustrar cómo pequeñas acciones pueden desencadenar consecuencias desproporcionadas en sistemas sensibles.

B. Estudios Meteorológicos

- Experimentos y simulaciones en meteorología han demostrado cómo las pequeñas variaciones en los datos iniciales pueden amplificarse, afectando predicciones incluso en plazos relativamente cortos (días o semanas).

---

9. Conclusión

El ***efecto mariposa*** *es un recordatorio de la complejidad y sensibilidad de los sistemas dinámicos que encontramos en la naturaleza, la ciencia y la sociedad. Aunque pone límites a nuestra capacidad de predicción, también revela un universo profundamente interconectado, donde incluso los eventos más pequeños pueden tener un impacto significativo. Estudiar el efecto mariposa no solo amplía nuestra comprensión del caos, sino que también nos inspira a reflexionar sobre nuestras acciones y su potencial para influir en el mundo de formas inesperadas.*

EL ORIGEN, FORMACIÓN Y EVOLUCIÓN DE LAS ESTRELLAS

Las estrellas son los bloques fundamentales del universo, responsables de la generación de elementos químicos, la formación de sistemas planetarios y la iluminación del cosmos. Su origen, formación y evolución están regidos por procesos físicos complejos que involucran fuerzas gravitatorias, térmicas y nucleares. A continuación, se detalla cada etapa en el ciclo de vida estelar, desde su nacimiento hasta su muerte.

---

1. Origen de las estrellas

Las estrellas nacen en **nubes moleculares** gigantes de gas y polvo que existen en el espacio interestelar. Estas nubes, también conocidas como **nebulosas** , son las regiones más frías y densas de la galaxia.

A. Composición de las Nubes Moleculares

- **Elementos Principales** : Principalmente hidrógeno molecular (*yo*2), con cantidades menores de helio y trazas de elementos más pesados.
- **Tamaño y Densidad** : Estas nubes pueden tener tamaños que varían desde unos pocos años luz hasta cientos, con densidades muy bajas en comparación con la atmósfera terrestre.

B. Inicio del Colapso Gravitacional

- **Perturbaciones externas** : Las ondas de choque de supernovas cercanas, colisiones entre nubes o movimientos galácticos pueden desencadenar el colapso de una nube.
- **Fragmentación** : Durante el colapso, la nube se fragmenta en regiones más pequeñas llamadas **núcleos densos** , cada uno de los cuales puede formar una estrella.

2. Formación de las Estrellas

La formación estelar consta de varias fases, desde el colapso inicial hasta el inicio de la fusión nuclear.

A. Fase de Contracción: Protostar

- **Colapso Inicial** : La gravedad atrae el gas hacia el centro de un núcleo denso, aumentando su densidad y temperatura.

- **Protostar** : La región central caliente y densa se convierte en una **protostar** , rodeada por una discoteca de gas y polvo. Esta discoteca puede dar lugar a planetas.
- **Temperatura Crítica** : Cuando la temperatura central alcanza unos 10 millones de Kelvin, comienza la fusión nuclear.

B. Inicio de la Fusión Nuclear

- **Fusión de Hidrógeno** : La protostar se convierte en una estrella cuando inicia la fusión nuclear, donde los núcleos de hidrógeno se combinan para formar helio, liberando grandes cantidades de energía.
- **Equilibrio Hidrostático** : La fusión genera presión hacia afuera que equilibra la fuerza gravitacional hacia adentro, estabilizando la estrella.

3. Evolución Estelar

La vida de una estrella depende principalmente de su **masa inicial** , que determina cómo evoluciona y cómo termina.

A. Clasificación por masa

1. **Estrellas de Baja Masa**:
    - Incluyen las enanas rojas.
    - Quemadores lentos de hidrógeno, con vidas extremadamente largas (billones de años).
2. **Estrellas de Masa Intermedia**:
    - Como el Sol.
    - Evolucionan más rápido que las de baja masa, pero mucho más lento que las estrellas masivas.
3. **Estrellas Masivas**:

- Queman su combustible rápidamente, evolucionando en pocos millones de años.

4. Ciclo de Vida Estelar por Etapas

A. Secuencia principal

- **Duración** : La etapa más larga en la vida de una estrella, donde quema hidrógeno en su núcleo.
- **Producción de Energía** : Proporciona energía en forma de luz y calor, estabilizada por el equilibrio entre gravedad y presión térmica.

B. Fase de Gigante o Supergigante

1. **Fin del Hidrógeno en el Núcleo** :
    - Cuando se agota el hidrógeno, el núcleo colapsa y la envoltura exterior se expande.
    - La estrella se convierte en una **gigante roja** (baja masa) o **supergigante** (alta masa).
2. **Fusión de Elementos Más Pesados** :
    - En las estrellas masivas, comienza la fusión de helio en carbono, y posteriormente, de elementos más pesados como oxígeno, silicio, hasta llegar al hierro.

C. Muerte Estelar

El destino de una estrella depende de su masa:

1. **Estrellas de Baja Masa** (Enanas Rojas y Estrellas Solares):
    - **Enana Blanca** : Después de expulsar sus capas externas como una nebulosa planetaria, el núcleo remanente se convierte en una enana blanca.

- **Enana Negra** (Teórico): Cuando la enana blanca se enfría completamente.

2. **Estrellas Masivas:**

   - **Supernova** : Las supergigantes explotan en eventos espectaculares llamados supernovas.
   - **Estrella de neutrones** : Si el núcleo colapsado tiene una masa suficiente, forma una estrella extremadamente densa compuesta casi completamente de neutrones.
   - **Agujero Negro** : Si la masa del núcleo excede un límite crítico (aproximadamente 3 veces la masa solar), el colapso gravitacional forma un agujero negro.

5. Elementos Químicos y Enriquecimiento del Universo

Las estrellas son los "hornos" del cosmos donde se forjan los elementos químicos más pesados, en un proceso conocido como **nucleosíntesis estelar** .

A. Nucleosíntesis Estelar

- **Hidrógeno a Helio** : En la secuencia principal.
- **Helio a Carbono y Más Allá** : En gigantes y supergigantes.
- **Elementos Pesados** : Oro, plata, y otros elementos más allá del hierro se forman en explosiones de supernovas o en colisiones de estrellas de neutrones.

B. Dispersión de elementos

- Las supernovas y los vientos estelares expulsan estos elementos al medio interesar, enriqueciendo las nubes moleculares de las cuales se forman nuevas generaciones de estrellas y planetas.

6. Evolución Final y Restos Estelares

A. Enanas Blancas

- Núcleos degenerados de estrellas de baja masa.
- Compuestos principalmente de carbono y oxígeno, sostenidos por la presión de degeneración electrónica.

B. Estrellas de neutrones

- Restos increíblemente densos de estrellas masivas.
- Campos magnéticos extremadamente fuertes, capaces de emitir radiación como púlsares.

C. Agujeros Negros

- Singularidades gravitacionales formadas por el colapso total del núcleo.
- Regiones donde la gravedad es tan intensa que ni siquiera la luz puede escapar.

7. Importancia de las Estrellas en la Evolución Cósmica

A. Creación de Elementos Químicos

- Sin las estrellas, no habría elementos más allá del hidrógeno y helio, lo que significa que no existirían planetas, ni vida tal como la conocemos.

B. Formación de Sistemas Planetarios

- Los discos protoplanetarios alrededor de estrellas jóvenes son el lugar donde se forman los planetas.

C.Iluminación y Energía del Universo

- Las estrellas proporcionan luz y calor, regulando las condiciones necesarias para la vida en planetas como la Tierra.

---

8. Conclusión

Las estrellas son los motores fundamentales del universo. Desde su formación en nubes moleculares hasta su colapso final en enanas blancas, estrellas de neutrones o agujeros negros, cada etapa en su vida contribuye al dinamismo y la evolución del cosmos. Estudiar las estrellas no solo nos ayuda a comprender el pasado y el presente del universo, sino también a vislumbrar su futuro y el papel que la humanidad desempeña en este vasto escenario cósmico.

EL EMBRIÓN CÓSMICO: ORIGEN DE LAS GALAXIAS

El concepto de **"embrión cósmico"** *se refiere a las estructuras iniciales en el universo primitivo que sirvieron como los bloques fundamentales para la formación de las* **galaxias** *. Estas estructuras emergieron poco después del Big Bang y evolucionaron bajo la influencia de la gravedad, la materia oscura y la energía cósmica. A continuación, exploramos el origen, la formación y la evolución de las galaxias desde sus embriones cósmicos hasta las estructuras complejas que observamos hoy.*

---

1. El Contexto del Universo Primitivo

A. El Big Bang y la Expansión Inicial

- El **Big Bang** marcó el inicio del universo hace aproximadamente **13,8 mil millones de años** , generando un entorno extremadamente caliente y denso compuesto principalmente de **hidrógeno** y **helio** , junto con cantidades mínimas de litio.
- Durante los primeros **380.000 años** , el universo estaba opaco debido a la interacción constante entre los fotones y los electrones libres.

B. Época de recombinación

- A medida que el universo se enfriaba, los protones y electrones se combinaron para formar átomos neutros de hidrógeno, permitiendo que la luz se desacoplara de la materia y dando lugar al **fondo cósmico de microondas** .
- Este momento marcó el fin de la era oscura inicial y dejó fluctuaciones de densidad en la materia, conocidas como **embriones cósmicos** .

C. Fluctuaciones primordiales

- Las **fluctuaciones cuánticas** iniciales durante la inflación cósmica se expandieron para formar regiones ligeramente más densas de materia.
- Estas pequeñas irregularidades sirvieron como semillas gravitacionales para la formación de estructuras más grandes, como galaxias, cúmulos y filamentos cósmicos.

---

2. Formación de las Galaxias desde los Embriones Cósmicos

A. Colapso Gravitacional

1. **Regiones sobredensas**:
    - Las áreas más densas de materia en el universo primitivo comenzaron a atraer más materia circundante debido a la **gravedad** .
    - Este proceso condujo al colapso gravitacional de estas regiones, formando las primeras **protogalaxias** .
2. **Papel de la Materia Oscura** :
    - La **materia oscura** jugó un papel crucial al proporcionar un "esqueleto gravitacional" sobre el cual se acumuló la materia bariónica (visible).

- Las partículas de materia oscura no interactúan con la radiación, permitiendo que las primeras estructuras colapsen más rápidamente.

B. Formación de las Primeras Estrellas

- En las protogalaxias, el gas se comprimió hasta alcanzar densidades y temperaturas suficientes para iniciar la **fusión nuclear** , dando lugar a las **primeras estrellas** o **población III** .
- Estas estrellas masivas y de corta vida enriquecieron el medio interestelar con elementos más pesados a través de **supernovas** , facilitando la formación de futuras generaciones estelares.

C. Fusión y Crecimiento Galáctico

- Las protogalaxias comenzaron a interactuar gravitacionalmente, fusionándose y creciendo para formar galaxias más grandes.
- Este proceso jerárquico continuó durante millas de millones de años, dando lugar a las estructuras galácticas actuales.

---

3. Etapa Clave en la Evolución de las Galaxias

A. Época de las Galaxias en Formación (500-1.000 Millones de Años)

1. **Galaxias Enanas**:
    - Las primeras galaxias eran pequeñas y caóticas, formadas principalmente por estrellas jóvenes.
    - Estas galaxias enanas sirvieron como bloques constructores para galaxias más grandes.
2. **Acreción de Gas y Formación de Estrellas** :

- El gas acumulado en los halos de materia oscura continuó formando estrellas, alimentando la evolución galáctica.

B. Época de las Galaxias Activas (1.000-3.000 Millones de Años)

- Durante esta etapa, las galaxias experimentaron una alta tasa de formación estelar y frecuentes fusiones.
- Algunas galaxias desarrollaron **núcleos galácticos activos** , alimentados por agujeros negros supermasivos en crecimiento.

C. Madurez Galáctica (3.000 Millones de Años - Presente)

- Las galaxias evolucionaron hacia las formas más estables que conocemos hoy: espirales, elípticas e irregulares.
- Las interacciones gravitacionales, como fusiones y encuentros cercanos, continuaron moldeando su estructura.

---

4. Tipos de Galaxias y su Formación

A. Galaxias espirales

- **Estructura** : Tienen brazos bien definidos, un disco plano y un bulbo central.
- **Formación** : Surgen de la acumulación ordenada de gas que permite la formación de discos rotacionales.
- **Ejemplo**: La Vía Láctea.

B. Galaxias Elípticas

- **Estructura** : Formas redondeadas o elípticas, con pocas estrellas jóvenes y gas.
- **Formación** : Resultado de fusiones galácticas masivas que dispersan las órbitas estelares.

- **Ejemplo**: M87.

C. Galaxias irregulares

- **Estructura** : Sin forma definida, caóticas en apariencia.
- **Formación** : Generalmente debido a colisiones galácticas o interacciones gravitacionales.
- **Ejemplo** : Gran Nube de Magallanes.

---

5. Factores Clave en la Evolución Galáctica

A. Interacciones Galácticas

- **Fusiones** : Cuando dos galaxias se fusionan, pueden formar una galaxia elíptica más grande.
- **Colisiones** : Aunque las estrellas rara vez chocan, el gas y el polvo interactúan, provocando una formación estelar intensa.

B. Rol de los Agujeros Negros Supermasivos

- Los agujeros negros en el centro de las galaxias influyen en su evolución al liberar enormes cantidades de energía que regulan la formación estelar.

C. Influencia de la Materia Oscura

- Los halos de materia oscura son fundamentales para estabilizar las galaxias y mantener sus estructuras.

---

6. Evidencias Observacionales del Embrión Cósmico

A. Fondo Cósmico de Microondas

- Las pequeñas fluctuaciones en el fondo cósmico muestran las semillas de las futuras galaxias.

B. Mapa del Universo

- Observatorios como **Hubble** y **James Webb** han detectado galaxias que se formaron solo cientos de millones de años después del Big Bang.

C. Simulaciones cosmológicas

- Simulaciones como **Illustris** o **Millennium** muestran cómo las galaxias evolucionan desde las fluctuaciones iniciales hasta las estructuras actuales.

---

7. Conclusión: El Embrión Cósmico como Clave para la Evolución del Universo

El ***embrión cósmico*** *representa las primeras etapas en la formación de galaxias y es crucial para comprender cómo el universo pasó de un estado homogéneo a la complejidad que observamos hoy. Estudiar estas fases nos permite desentrañar la historia cósmica, desde las primeras fluctuaciones de densidad hasta las galaxias que albergan estrellas, planetas y, eventualmente, vida. Las galaxias no solo son los lugares donde nacen y evolucionan las estrellas, sino también los laboratorios naturales donde se forjan los elementos y las condiciones para la existencia de la vida.*

LAS 88 CONSTELACIONES CATALOGADAS: UNA GUÍA COMPLETA

Las **88 constelaciones oficiales** forman el mapa celeste que utilizaron para dividir el cielo en regiones, facilitando la localización y el estudio de estrellas, galaxias y otros objetos astronómicos. Este catálogo, definido por la **Unión Astronómica Internacional (IAU)** en 1922, representa una combinación de constelaciones de las tradiciones clásicas grecorromanas y de contribuciones posteriores provenientes de otras culturas y observaciones modernas.

---

1. ¿Qué es una Constelación?

Una **constelación** es una agrupación imaginaria de estrellas que forman patrones reconocibles en el cielo nocturno. Originalmente, estos patrones eran figuras mitológicas, animales o instrumentos asociados con historias y leyendas. Hoy en día, las constelaciones se consideran **regiones del cielo** con límites precisos, asignadas para dividir la bóveda celeste en áreas manejables para la astronomía.

---

2. Historia del Catálogo de las Constelaciones

A. Orígenes Antiguos

- **Mesopotamia (3000 aC)** : Los primeros registros de constelaciones provienen de los sumerios, quienes identifican patrones como "El Arado" (precursor de la Osa Mayor).
- **Egipto y Grecia Clásica** : Los egipcios conectaron las constelaciones con su calendario agrícola, mientras que los griegos incorporaron historias mitológicas en las constelaciones.
- **Ptolomeo (Siglo II dC)** : En su obra **Almagesto** , Ptolomeo catalogó 48 constelaciones visibles desde el hemisferio norte.

B. Expansión al Hemisferio Sur

- Durante la era de la exploración (siglos XVI-XVIII), los navegantes europeos comenzaron a observar constelaciones en el cielo austral desconocido para los griegos.

- Astrónomos como **Johann Bayer** y **Nicolas-Louis de Lacaille** introdujeron nuevas constelaciones basadas en estas observaciones.

C. Establecimiento Moderno

- En 1922, la **IAU** estandarizó las constelaciones, fijando 88 como el número oficial y delimitando sus fronteras en coordenadas precisas.

---

3. Las 88 Constelaciones y sus Categorías

Las constelaciones se dividen según su visibilidad desde los hemisferios y las áreas temáticas asociadas.

A. Constelaciones Clásicas del Hemisferio Norte

Estas son las constelaciones documentadas por Ptolomeo y están asociadas principalmente con la mitología griega.

1. **Ejemplos destacados**:
    - **Osa Mayor** : Una de las más reconocidas, contiene la "Cacerola" y la estrella Dubhe, utilizada para localizar la Estrella Polar.
    - **Orión** : Representa al cazador mítico y contiene la brillante Betelgeuse y la Nebulosa de Orión.
    - **Casiopea** : Con forma de "W", destaca por su visibilidad circumpolar en latitudes septentrionales.

B. Constelaciones Modernas del Hemisferio Sur

Introducidas por navegantes y astrónomos europeos, muchos representan instrumentos científicos o animales exóticos.

1. **Ejemplos destacados**:

- **Cruz del Sur (Crux)** : Emblemática en el hemisferio sur, utilizada para la navegación.
- **Carina** : Contiene un Canopus, una de las estrellas más brillantes del cielo.
- **Centauro**: Alberga a Alfa Centauri, el sistema estelar más cercano a la Tierra.

C. Constelaciones zodiacales

Estas constelaciones están en el plano de la **eclíptica** , por donde parece pasar el Sol a lo largo del año. Son fundamentales en la astrología, aunque su relevancia científica radica en su uso para rastrear movimientos celestes.

1. **Ejemplos destacados**:
    - **Aries, Tauro, Géminis** : Parte del ciclo zodiacal clásico.
    - **Escorpio** : Con su forma distintiva, es visible en el verano del hemisferio norte.
    - **Sagitario** : Señala el centro galáctico.

---

4. Distribución y Visibilidad

A. Constelaciones del Hemisferio Norte

- Ejemplos: **Draco** , **Hércules** , **Lira** , **Perseo** .
- Son visibles principalmente desde latitudes superiores al ecuador.

B. Constelaciones del Hemisferio Sur

- Ejemplos: **Fénix** , **Pavo** , **Tucán** , **Telescopio** .
- Observables desde latitudes australes.

C. Constelaciones Circumpolares

- Estas constelaciones nunca se ponen bajo el horizonte en ciertas latitudes.
- **Hemisferio Norte** : **Osa Mayor** , **Osa Menor** , **Casiopea** .
- **Hemisferio Sur** : **Cruz del Sur** , **Carina** .

---

5. Uso y Relevancia en Astronomía Moderna

A. Localización de Objetos Celestes

- Las constelaciones sirven como referencia para localizar estrellas, cúmulos, galaxias y nebulosas.
- Ejemplo: La galaxia de Andrómeda está en la constelación del mismo nombre.

B. Identificación de Estrellas

- Las estrellas dentro de una constelación se nombran siguiendo el sistema de **Johann Bayer** , que asigna letras griegas según su brillo (Alfa, Beta, Gamma, etc.).
- Ejemplo: **Alfa Centauri** en Centauro, **Betelgeuse** en Orión.

C. Calendarios y Navegación

- Históricamente, las constelaciones eran utilizadas para marcar estaciones y para la navegación marítima.

---

6. Constelaciones y su Contexto Cultural

A. Mitología griega

- Muchas constelaciones clásicas están basadas en mitos griegos.

- **Perseo y Andrómeda** : Representan la historia de un héroe que rescata a una princesa de un monstruo marino.

B. Culturas Indígenas y no Occidentales

- **Aborígenes australianos** : Identificaron patrones como el "Emú en el cielo", basado en las áreas oscuras de la Vía Láctea.
- **Culturas Mesoamericanas** : Utilizaron constelaciones para construir calendarios agrícolas y rituales.

---

7. Ejemplos de Constelaciones Destacadas

Constelación	Hemisferio	Objetos Notables
Orión	Norte	Nebulosa de Orión, Betelgeuse, Rigel
Cruz del Sur	Sur	Nebulosa Saco de Carbón, Acrux
Andrómeda	Norte	Galaxia de Andrómeda (M31)
Sagitario	Sur	Centro Galáctico, Nebulosa de la Laguna (M8)
Escorpio	Sur	Antares, Nebulosa de la Mariposa

---

8. Conclusión

Las **88 constelaciones catalogadas** son mucho más que simples patrones en el cielo; representan un sistema organizado que conecta la astronomía antigua con la moderna. Desde el estudio de estrellas y galaxias hasta su relevancia cultural y mitológica, las constelaciones siguen siendo un puente entre la ciencia y la humanidad, guiándonos a través del vasto universo mientras exploramos nuestro lugar en él.

EL LÍMITE DE ROCHE: DEFINICIÓN Y APLICACIONES

El ***límite de Roche*** *es un concepto fundamental en astrofísica y mecánica celeste que describe la distancia mínima a la cual un cuerpo celeste, mantenido únicamente por su propia gravedad, puede orbitar un objeto más masivo sin desintegrarse debido a las fuerzas de marea ejercidas por este último. . Este límite es crucial para entender la dinámica de anillos planetarios, la formación de satélites y los eventos catastróficos de disrupción gravitacional.*

---

1. Definición del Límite de Roche

El **límite de Roche** es la distancia dentro de la cual las fuerzas de marea generadas por un cuerpo masivo (como un planeta) superan la gravedad que mantiene unida a un cuerpo menor (como una luna). Si el cuerpo menor cruza este límite, puede ser destrozado y dispersado en fragmentos, formando eventualmente un anillo de materia alrededor del cuerpo más masivo.

---

2. Fórmula General del Límite de Roche

El límite de Roche se calcula mediante la siguiente fórmula aproximada, para un cuerpo secundario rígido:

$$R_{\text{Roche}} \approx 2.44 \cdot R_{\text{Privado}} \left(\frac{\rho Privado}{\rho secundario}\right)^{1/3}$$

Dónde

*R*Roche: Distancia del límite de Roche.

*R*Privado: Radio del cuerpo primario (planeta o estrella).

*ρ*Privado: Densidad promedio del cuerpo primario.

ρsecundario: Densidad promedio del cuerpo secundario.

Nota : La fórmula anterior asume un cuerpo secundario rígido. Si el cuerpo secundario es fluido o deformable, el valor de RRoche RRoche Será ligeramente diferente.

---

3. Concepto de Fuerzas de Marea

Las **fuerzas de marea** son las diferencias en la fuerza gravitacional que actúan sobre diferentes partes de un cuerpo debido a un objeto masivo cercano. En el límite de Roche:

- Las fuerzas gravitacionales del cuerpo primario superan las fuerzas cohesivas gravitacionales del cuerpo secundario.
- Esto provoca una **deformación** o **ruptura** del cuerpo secundario.

---

4. Ejemplos del límite de Roche

A. Los Anillos de Saturno

- Los anillos de Saturno se encuentran dentro del límite de Roche del planeta. Esto significa que cualquier luna que intente formarse dentro de esta región sería destruida por las fuerzas de marea.
- Los fragmentos resultantes de lunas o cuerpos destrozados contribuyen a la formación y el mantenimiento de los anillos.

B. Cometa Zapatero-Levy 9

- Este cometa fue desintegrado por las fuerzas de marea de Júpiter al cruzar el límite de Roche del planeta en 1992. Los fragmentos colisionaron con Júpiter en 1994, produciendo impactos visibles.

C. Formación de Sistemas Estelares

- Durante la formación de sistemas planetarios, los fragmentos y discos de acreción se limitan por el límite de Roche de la estrella central, influyendo en la distribución de los materiales.

---

5. Tipos de límite de Roche

A. Para cuerpos rígidos

- Si el cuerpo secundario es rígido y no se deforma significativamente, el límite de Roche es menor porque las fuerzas cohesivas internas son más fuertes.

B. Para cuerpos deformables

- Si el cuerpo secundario es fluido o tiene baja cohesión gravitacional (como un cometa), el límite de Roche es mayor, ya que es más susceptible a la deformación.

---

6. Importancia de la Astrofísica

A. Anillos planetarios

- Explica por qué los anillos planetarios, como los de Saturno, Urano y Neptuno, se encuentran dentro del límite de Roche de sus respectivos planetas.

B. Formación de Sistemas Estelares

- Influye en cómo se distribuyen y forman los discos protoplanetarios alrededor de estrellas jóvenes.

C. Interrupción de Satélites y Cuerpos Menores

- Ayuda a predecir la destrucción de lunas o asteroides que pasan demasiado cerca de planetas o estrellas masivas.

D. Colisiones y Eventos Catastróficos

- Eventos como el impacto de cometas o asteroides en planetas están relacionados con el límite de Roche.

---

7. Variaciones del Límite de Roche

El límite de Roche puede variar dependiendo de factores como:

1. **La forma y densidad del cuerpo secundario** :
    - Los cuerpos más densos tienen mayor resistencia a la disrupción.
2. **La naturaleza de las órbitas** :
    - Órbitas muy elípticas pueden acercar intermitentemente el cuerpo al límite de Roche, aumentando el riesgo de interrupción.
3. **La rotación del cuerpo primario** :
    - Una rotación rápida puede alterar la distribución gravitacional, afectando el valor del límite.

---

8. Implicaciones Filosóficas y Científicas

A. Límite del Orden en el Universo

- El límite de Roche es un recordatorio de cómo las fuerzas fundamentales de la naturaleza imponen límites en la estabilidad y estructura de los cuerpos celestes.

B. Evolución de los Sistemas Celestes

- Explica la transición de sistemas complejos a estructuras más estables, como la transformación de lunas en anillos planetarios.

C. Observación del Equilibrio Cósmico

- Revela el equilibrio entre fuerzas gravitacionales y cohesivas en la configuración del universo.

---

9. Conclusión

El **límite de Roche** es un concepto crucial para entender la dinámica gravitacional en el universo. Desde los anillos de Saturno hasta eventos catastróficos como la disrupción de cometas, este límite define el comportamiento de los cuerpos en órbita bajo la influencia de fuerzas de marea. Su estudio no solo enriquece nuestra comprensión de los sistemas planetarios y estelares, sino que también revela la delicada interacción entre los diversos elementos del cosmos.

CÚMULOS ESTELARES: FORMACIÓN, TIPOS Y RELEVANCIA

Los ***cúmulos estelares*** *son grupos de estrellas que comparten un origen común y se mantienen unidas por la* ***gravedad*** *. Estas estructuras ofrecen información clave sobre la formación estelar, la dinámica galáctica y la evolución de las estrellas. Se encuentran en todos los tipos de galaxias y representan una etapa importante en el ciclo de vida del universo.*

---

1. ¿Qué son los Cúmulos Estelares?

Un cúmulo estelar es un grupo de estrellas que se formaron juntas a partir de la misma nube molecular gigante. Estas estrellas comparten una composición química similar y tienen edades comparables. Los cúmulos estelares se clasifican principalmente en **cúmulos**

abiertos y **cúmulos globulares** , dependiendo de su densidad, tamaño y ubicación.

---

2. Tipos de Cúmulos Estelares

A. Cúmulos Abiertos

1. **Características:**
    - Contiene cientos de millas de estrellas.
    - Son relativamente jóvenes, con edades que varían desde pocos millones hasta varios cientos de millones de años.
    - Se encuentran en el **disco galáctico** , principalmente en las regiones de los brazos espirales.
2. **Estructura:**
    - Son dispersos, con estrellas separadas por distancias relativamente grandes.
    - Su gravedad colectiva es débil, por lo que pueden ser perturbados fácilmente por fuerzas externas, como las mareas galácticas.
3. **Ejemplos famosos:**
    - **Las Pléyades (M45)** : Un cúmulo abierto en la constelación de Tauro, visible a simple vista.
    - **El Cúmulo del Pesebre (M44)** : Ubicado en Cáncer, uno de los cúmulos abiertos más cercanos.
4. **Importancia científica:**
    - Ayudan a estudiar la formación y evolución estelar.
    - Ofrecen información sobre la distribución de elementos químicos en la galaxia.

B. Cúmulos globulares

1. **Características**:

   - Contiene cientos de millas o millones de estrellas.
   - Son mucho más antiguos que los cúmulos abiertos, con edades típicas de **10 a 13 mil millones de años** , lo que los hace contemporáneos de la formación de la galaxia.
   - Se encuentran en el **halo galáctico** y orbitan alrededor del núcleo de las galaxias.

2. **Estructura**:

   - Son esféricos y compactos, con una densidad estelar extremadamente alta en sus núcleos.
   - Su gravedad colectiva es fuerte, lo que los hace muy estables y resistentes a las perturbaciones externas.

3. **Ejemplos famosos**:

   - **Omega Centauri** : El cúmulo globular más grande de la Vía Láctea, visible en el hemisferio sur.
   - **47 Tucanae** : Un cúmulo brillante en la constelación del Tucán.

4. **Importancia científica**:

   - Proporcionan pistas sobre la formación temprana de las galaxias.
   - Ayudan a medir la edad del universo al estudiar las estrellas más antiguas que contienen.

---

3. Formación de los Cúmulos Estelares

A. Formación Inicial

1. **Nube molecular gigante**:

   - Los cúmulos estelares se forman en regiones densas de nubes moleculares gigantes.
   - La compresión de gas y polvo, provocada por ondas de choque de supernovas o colisiones galácticas, desencadena la formación de múltiples estrellas simultáneamente.

2. **Fragmentación y Formación de Estrellas** :

   - La nube molecular se fragmenta en múltiples regiones de colapso gravitacional, creando un grupo denso de protoestrellas.

B. Evolución del Cúmulo

1. **Dispersión del gas**:

   - Las estrellas jóvenes masivas emiten radiación intensa que dispersa el gas residual, limitando la formación de más estrellas.

2. **Interacciones Gravitacionales**:

   - En los cúmulos abiertos, las interacciones gravitacionales entre las estrellas tienden a dispersarlas con el tiempo.
   - En los cúmulos globulares, la gravedad colectiva mantiene la cohesión durante millas de millones de años.

---

4. Dinámica y Estructura Interna

A. Interacciones Gravitacionales

- Las estrellas dentro de los cúmulos interactúan gravitacionalmente, lo que puede llevar a fenómenos como **encuentros cercanos** o la expulsión de estrellas menos masivas.

B. Población Estelar

- Los cúmulos contienen estrellas de diferentes masas y etapas de evolución.
- Los cúmulos globulares a menudo tienen **enanas blancas** , **gigantes rojas** y **estrellas de neutrones** debido a su antigüedad.

C. Fenómenos Destacados

1. **Colisiones Estelares**:
    - En los núcleos densos de cúmulos globulares, las estrellas pueden colisionar, formando objetos como **estrellas rezagadas azules** .
2. **Formación de Sistemas Binarios**:
    - Las interacciones gravitacionales facilitan la formación de estrellas binarias y sistemas compactos.

---

5. Importancia de los Cúmulos Estelares en la Astrofísica

A. Relojes Cósmicos

- Los cúmulos globulares contienen algunas de las estrellas más antiguas del universo, lo que los convierte en herramientas para medir la **edad de la Vía Láctea** y del universo.

B. Química Galáctica

- Los cúmulos abiertos permiten estudiar la composición química del disco galáctico y cómo esta cambia con el tiempo.

C. Evolución Estelar

- Los cúmulos actúan como "laboratorios naturales" para estudiar la vida de las estrellas, ya que todas las estrellas en un cúmulo tienen edades similares pero diferentes masas.

---

6. Distribución de los Cúmulos Estelares

A. En la Vía Láctea

- **Cúmulos Abiertos** : Predominan en el disco galáctico, principalmente en los brazos espirales.
- **Cúmulos Globulares** : Se encuentran en el halo galáctico, orbitando alrededor del núcleo de la galaxia.

B. En otras galaxias

- Las galaxias espirales y elípticas grandes tienen cientos o millas de cúmulos globulares.
- Las galaxias irregulares y enanas contienen cúmulos abiertos dispersos.

---

7. Ejemplos Famosos de Cúmulos Estelares

Nombre	Tipo	Ubicación en el cielo	Distancia (años luz)	Caracteristicas
Las Pléyades	Cúmulo Abierto	Constelación de Tauro	~440	Visible a simple vista, estrellas jóvenes y azules.
Omega Centauri	Cúmulo globular	Constelación Centauro	~15.800	El cúmulo globular más grande de la Vía

Nombre	Tipo	Ubicación en el cielo	Distancia (años luz)	Caracteristicas
				Láctea.
M13 (Hércules)	Cúmulo globular	Constelación Hércules	~25.000	Uno de los más brillantes del hemisferio norte.
Las Híades	Cúmulo Abierto	Constelación de Tauro	~153	Uno de los cúmulos más cercanos a la Tierra.

8. Conclusión

Los **cúmulos estelares** son piezas fundamentales en el rompecabezas del universo. Desde los cúmulos abiertos, que nos muestran los primeros pasos en la vida de las estrellas, hasta los cúmulos globulares, que revelan los secretos del universo primitivo, estas estructuras son esenciales para comprender la formación, evolución y dinámica de las galaxias. Su estudio sigue siendo una ventana fascinante hacia el pasado y el futuro del cosmos.

EL DESPLAZAMIENTO HACIA EL ROJO: ORIGEN, TIPOS Y RELEVANCIA

El **desplazamiento hacia el rojo** es un fenómeno astronómico y físico que describe cómo la luz o cualquier radiación electromagnética emitida por un objeto en el universo experimenta un **aumento en su longitud de onda** , moviéndose hacia la porción roja del espectro visible. Este efecto es fundamental para entender la expansión del universo, el movimiento de las galaxias y la naturaleza del cosmos.

---

1. ¿Qué es el Desplazamiento hacia el Rojo?

A. Concepto básico

Cuando la luz de un objeto se desplaza hacia longitudes de onda más largas (más rojas), decimos que ha experimentado un **desplazamiento hacia el rojo** . Este fenómeno puede interpretarse como una señal de que el objeto emisor se está alejando del observador.

B. Relación con la Ley de la Longitud de Onda

La luz, al ser una onda electromagnética, está caracterizada por su longitud de onda (*la*) y su frecuencia (F):

$$en = lambda\ f$$

Dónde *en* es la velocidad de la luz. Si la longitud de onda aumenta, la frecuencia disminuye.

C. Parámetro de Desplazamiento al Rojo (*el*)

El desplazamiento hacia el rojo se cuantifica mediante el parámetro *el*:

$$el = \frac{la\ observada - la\ emitida}{la\ emitida}$$

- $el > 0$: Desplazamiento hacia el rojo.
- $el < 0$: Desplazamiento hacia el azul (movimiento de acercamiento).

---

2. Tipos de Desplazamiento hacia el Rojo

El desplazamiento hacia el rojo puede producirse por diferentes razones, y se clasifica en tres tipos principales:

A. Desplazamiento Hacia el Rojo por Efecto Doppler

1. **Causa:**
   - Ocurre debido al movimiento relativo del objeto emisor y el observador.
   - Si el objeto se aleja, la luz se estira, desplazándose hacia el rojo.
2. **Ejemplo:**
   - Las galaxias cercanas en el universo que se alejan de nosotros muestran este tipo de desplazamiento.
3. **Fórmula:**
   - Para velocidades bajas (*en≪do*): *el≈ do en*
   - Para velocidades relativistas (*en∼do*), se utiliza la fórmula relativista del efecto Doppler.

B. Desplazamiento Hacia el Rojo Cosmológico

1. **Causa:**
   - Resultado de la **expansión del universo** . A medida que el espacio-tiempo se expande, las ondas de luz que lo atraviesan se estiran, aumentando su longitud de onda.
   - Es independiente del movimiento relativo del objeto emisor.

2. **Importancia**:

    - Es una evidencia directa de la expansión del universo desde el Big Bang.

C. Desplazamiento Hacia el Rojo Gravitacional

1. **Causa**:

    - La luz que escapa de un campo gravitacional intenso pierde energía, aumentando su longitud de onda.
    - Esto ocurre debido a la curvatura del espacio-tiempo predicha por la **teoría de la relatividad general** .

2. **Ejemplo**:

    - La luz emitida por las estrellas cercanas a agujeros negros o por los púlsares experimenta un desplazamiento hacia el rojo.
    - También ocurre en el **fondo cósmico de microondas** , donde la radiación de la era del universo temprana ha sido estirada por la expansión y el potencial gravitacional del universo.

---

3. Evidencias y Aplicaciones del Desplazamiento Hacia el Rojo

A. Expansión del Universo

- La observación de que la mayoría de las galaxias muestran un desplazamiento hacia el rojo (Ley de Hubble) es una de las pruebas más sólidas de que el universo se está expandiendo.

B. Fondo Cósmico de Microondas (CMB)

- El CMB, la radiación remanente del Big Bang, ha sido desplazado hacia el rojo por la expansión del universo, desde longitudes de onda visibles hasta el rango de las microondas.

C. Identificación de Objetos Cósmicos

- El desplazamiento hacia el rojo permite determinar la **distancia** y la **velocidad de recesión** de galaxias y cúmulos de galaxias.

D. Pruebas de la Relatividad General

- El desplazamiento gravitacional es una validación de las predicciones de Einstein sobre el comportamiento de la luz en campos gravitacionales intensos.

E. Cosmología de los Primeros Tiempos

- Estudiar galaxias con altos desplazamientos al rojo (*el*>6) permite investigar cómo era el universo en sus primeras etapas.

---

4. Ejemplos Clave del Desplazamiento Hacia el Rojo

A. Galaxia GN-z11

- La galaxia más lejana conocida, con un desplazamiento al rojo *el*~11, observada a través del Telescopio Espacial James Webb.
- Representa una galaxia como era cuando el universo tenía solo 400 millones de años.

B. Agujeros Negros Supermasivos

- Las regiones cercanas a los agujeros negros, como en el caso de Sagitario A* en el centro de la Vía Láctea, muestran desplazamientos gravitacionales hacia el rojo.

C. Supernovas Tipo Ia

- Estas explosiones estelares son "velas estándar" que ayudan a medir el desplazamiento al rojo y determinar la aceleración de la expansión del universo.

---

5. Implicaciones Filosóficas y Científicas

A. Comprensión de la Escala Cósmica

- El desplazamiento hacia el rojo nos permite cuantificar la vastedad del universo y nuestra posición en él.

B. Origen y Evolución del Universo

- Es una evidencia clave del Big Bang y del hecho de que el universo tiene un comienzo y una evolución.

C. La Naturaleza del Espacio-Tiempo

- El desplazamiento cosmológico y gravitacional revela que el espacio y el tiempo no son fijos, sino dinámicos y afectados por la materia y la energía.

---

6. Conclusión

El **desplazamiento hacia el rojo** es una herramienta fundamental en la astronomía moderna, proporcionando evidencia del **Big Bang** , de la **expansión del universo** y de los efectos de la **gravedad extrema** en el espacio-tiempo. Su estudio no solo amplía nuestra comprensión del cosmos, sino que también nos conecta con las leyes fundamentales que gobiernan el universo. Desde las galaxias más distantes hasta los agujeros negros más cercanos, este fenómeno continúa revelando los secretos del universo en todas sus escalas.

PRINCIPALES MEDIDAS ASTRONÓMICAS: CONCEPTOS, ESCALAS Y APLICACIONES

La astronomía utiliza un conjunto de medidas específicas para describir las ***distancias, tamaños, tiempos, masas y otras magnitudes*** *de los cuerpos celestes y los fenómenos del universo. Estas medidas son esenciales para comprender la inmensidad y la dinámica del cosmos. A continuación, se presentan las principales medidas astronómicas, sus definiciones, fórmulas y aplicaciones.*

---

1. Medidas de distancia

A. Unidad Astronómica (UA)

1. **Definición:**
   - Distancia promedio entre la Tierra y el Sol: **1 UA = 149.597.870,7 km** .
2. **Aplicación:**
   - Medición de distancias dentro del sistema solar.
   - Ejemplo: Marte está a ~1.5 UA del Sol, y Júpiter a ~5.2 UA.

B. Año Luz

1. **Definición:**
   - Distancia que la luz se recorre en un año en el vacío.
   - **1 año luz ≈ 9,46 × 10^{12} km.**
2. **Aplicación:**
   - Medir distancias interesantes.

- Ejemplo: Próxima Centauri, la estrella más cercana al Sol está a **4.24 años luz** .

C. Pársec (pc)

1. **Definición:**

- Distancia desde la cual 1 UA subtendría un ángulo de 1 segundo de arco.
- **1 pársec ≈ 3,26 años luz ≈ 31 × 10^{12} km.**

2. **Fórmula:**

- Relación con el paralaje estelar:d(ordenador personal)=1π(arcosegundos)d (persona)=π (arcosegun dos)1

3. **Aplicación:**

- Medición de distancias interestelares y galácticas.
- Ejemplo: El centro de la Vía Láctea está a ~8 kpc del sistema solar.

D. Kilopársec (kpc) y Megapársec (Mpc)

1. **Kilopársec (kpc):**

- **1 kpc = 1000 parsec.**
- Usado para medir distancias dentro de galaxias.

2. **Megapársec (Mpc):**

- **1 Mpc = 1.000.000 parsecs.**
- Usado para distancias entre galaxias o cúmulos galácticos.

- Ejemplo: La galaxia de Andrómeda está a ~0.78 Mpc.

---

2. Medidas de tiempo

A. Año Astronómico

1. **Definición:**
    - Tiempo que tarda la Tierra en completar una órbita alrededor del Sol: **365,25 días** .
2. **Aplicación:**
    - Base para cálculos orbitales y calendarios.

B. Segundo Luz

1. **Definición:**
    - Distancia que la luz recorre en un segundo: **~300.000 km** .
2. **Aplicación:**
    - Usado para escalas pequeñas como el tiempo de comunicación entre la Tierra y la Luna (~1.28 segundos).

C. Edad del Universo

1. **Definición:**
    - Tiempo desde el Big Bang: **~13,8 mil millones de años** .
2. **Aplicación:**
    - Contextualización de eventos cosmológicos.

---

3. Medidas de tamaño

A. Radios y Dias

1. **Definición:**
    - El radio o diámetro de un cuerpo celeste mide su extensión física.
2. **Ejemplos:**
    - Radio solar: **~696.340 km.**
    - Radio Terrestre: **~6,371 km.**

B. Unidad de Radio Solar ($R_{\odot}$)

1. **Definición:**
    - Radio del Sol como referencia.
    - $1R_{\odot}R_{\odot} \approx$ 696.340 kilómetros.
2. **Aplicación:**
    - Usado para medir el tamaño de las estrellas.
    - Ejemplo: Betelgeuse tiene una radio de ~764$R_{\odot}$.

4. Medidas de Brillo y Magnitud

A. Magnitud Aparente (metro*metro*)

1. **Definición:**
    - Brillo percibido de un objeto celeste desde la Tierra.
    - Escala inversa: valores menores indican mayor brillo.
    - Ejemplo: El Sol tienemetro=−26,74*metro*=- 26,74, mientras que Sirio tienemetro=−1.46*metro*=- 1,46.

B. Magnitud absoluta (METRO*METRO*)

1. **Definición:**
    - Brillo intrínseco de un objeto, estandarizado a una distancia de 10 parsecs.

C. Luminiscencia (*yo*)

1. **Definición:**
    - Energía total emitida por un objeto por unidad de tiempo.
    - Se mide en relación con la luminiscencia solar ($yo_{\odot}$).
    - Ejemplo: La luminiscencia de Rigel es ~120,000$yo_{\odot}$.

5. Medidas de masa

A. Masa Solar ($METRO_{\odot}$)

1. **Definición:**
    - Masa del Sol como unidad de referencia:**METRO$_{\odot}$=1.989×1030 kilogramo***METRO$_{\odot}$*=1.989×1 030kilogramo.
2. **Aplicación:**
    - Medición de masas de estrellas, planetas y agujeros negros.
    - Ejemplo: La masa de Júpiter es 0,000954 METRO$_{\odot}$

B. Masa Estelar y Subestelar

1. **Definición:**
    - Se mide en múltiplos o fracciones de $METRO_{\odot}$.
2. **Ejemplo:**
    - Estrella típica de la secuencia principal: ~1$METRO_{\odot}$

- Enanas marrones: ~0,01–0,08 METRO ⊙

6. Medidas de Velocidad y Movimiento

A. Velocidad de la luz (*do*)

1. **Definición**:
    - Velocidad máxima en el universo: *do*=299 ,792kilómetros por segundo.
2. **Aplicación**:
    - Base para medir velocidades relativistas y desplazamientos cosmológicos.

B. Velocidad de escape

1. **Definición**:
    - Velocidad mínima requerida para escapar de la gravedad de un objeto celeste.
    - Tierra: ≈11.2 kilómetros por segundo.

C. Velocidad orbital

1. **Definición**:
    - Velocidad con la que un objeto orbita a otro debido a la gravedad.
2. **Ejemplo**:
    - Velocidad de la Tierra alrededor del Sol: ~30 km/s.

7. Medidas de Energía y Temperatura

A. Energía en Ergs

1. **Definición**:

- Unidad utilizada en astrofísica para describir la energía. Explosiones de supernovas:1051 ergios1 051ergios.

B. Temperatura en Kelvin (K*K*)

1. **Definición**:

- Escala absoluta de temperatura.
- Ejemplo: Superficie solar 5,778 K 5 ,778*K*.

---

8. Conclusión

Las medidas **astronómicas** permiten traducir la inmensidad del cosmos en unidades manejables, facilitando el estudio y la comprensión de sus componentes y fenómenos medidas. Estas escalas, desde la distancia en parsecs hasta la temperatura en Kelvin, son herramientas esenciales para explorar el universo y construir modelos que revelen su estructura y evolución.

1. LA LEY DE HUBBLE: DESCRIPCIÓN, ECUACIÓN Y RELEVANCIA

La ***Ley de Hubble*** *es uno de los pilares fundamentales de la cosmología moderna. Establece que las galaxias se alejan unas de otras con una velocidad proporcional a su distancia, lo que proporciona evidencia de la* ***expansión del universo*** *. Fue formulada por el astrónomo estadounidense* ***Edwin Hubble*** *en 1929, partiendo de observaciones del desplazamiento hacia el rojo en las galaxias.*

---

1. Formulación de la Ley de Hubble

A. Definición

La Ley de Hubble establece que:

$en = yo_0 \cdot d$

Dónde:

- *en*: Velocidad de recesión de la galaxia (km/s).
- yo_0: Constante de Hubble (km/s/Mpc).
- *d*: Distancia de la galaxia al observador (Mpc, megapársecs).

B. Interpretación

- Las galaxias más distantes se alejan más rápido, lo que implica que el espacio mismo se está expandiendo.
- La constante del Hubble (yo_0) mide la tasa de expansión del universo.

---

2. Descubrimiento de la Ley de Hubble

A. Observaciones de Slipher

Antes de Hubble, **Vesto Slipher** (1912) detectó el desplazamiento hacia el rojo en las líneas espectrales de varias galaxias, indicando que estas se alejan de nosotros.

B. Trabajo del Hubble

- Edwin Hubble y **Milton Humason** midieron la distancia a galaxias utilizando estrellas variables cefeidas como indicadores de distancia.
- Compararon estas distancias con las velocidades de recesión calculadas a partir del desplazamiento hacia el rojo.

- En 1929, Hubble publicó la relación lineal entre *en d*, estableciendo la ley que lleva su nombre.

---

3. Constante de Hubble (yo0*yo*0)

A. Valor real

- Las mediciones modernas sitúan el valor deyo0*yo*0en aproximadamente **70–75 km/s/Mpc** , aunque existe cierta discrepancia dependiendo del método utilizado:
  - **Observaciones locales (cefeidas y supernovas)** : ~73 km/s/Mpc.
  - **Fondo Cósmico de Microondas (CMB)** : ~67,4 km/s/Mpc.

B. Unidades

- yo_0se expresa en **kilómetros por segundo por megapársec** (km/s/Mpc), indicando la velocidad de recesión por cada megapársec de distancia.

C. Relevancia

- La constante de Hubble no es realmente constante; varía con el tiempo debido a la evolución del universo.

---

4. Implicaciones de la Ley de Hubble

A. Expansión del Universo

- La ley implica que el universo está en expansión desde un estado inicial más compacto.

- Esto respalda la teoría del **Big Bang** , que postula que el universo comenzó en un punto de densidad infinita hace ~13,8 mil millones de años.

B. Determinación de la Edad del Universo

- La inversa de la constante de Hubble da una estimación aproximada de la edad del universo: Edad del Universo~1yo$_0$ Paracayo$_0$=70 kilómetros/seg/Mpcyo_0 =70kilómetros/seg/Mpc, la edad es de ~13.8 mil millones de años.

C. Escala Cósmica de Distancias

- Permite medir distancias a galaxias lejanas basándose en sus velocidades de recesión.

---

5. Observaciones y evidencias

A. Desplazamiento Hacia el Rojo

- La observación del **desplazamiento hacia el rojo cosmológico** en las galaxias es una de las evidencias más directas de la Ley de Hubble.
- El grado de desplazamiento aumenta con la distancia, reflejando la expansión del espacio.

B. Fondo Cósmico de Microondas (CMB)

- La radiación CMB, remanente del Big Bang, confirma que el universo ha estado expandiéndose desde su creación.

C. Simetría isotrópica

- La ley se cumple de manera uniforme en todas las direcciones, lo que refuerza la idea de un universo isotrópico y homogéneo en escalas grandes.

6. Limitaciones y extensiones

A. En Escalas Pequeñas

- La ley no se aplica a galaxias cercanas, como las del Grupo Local, que tienen movimientos propios significativos (por ejemplo, la galaxia de Andrómeda se está acercando a la Vía Láctea).

B. Aceleración del Universo

- En 1998, se descubrió que la expansión del universo se estaba acelerando, debido probablemente a la influencia de la **energía oscura** .
- Esto requiere ajustes a la Ley de Hubble, introduciendo una dependencia temporal en la constanteyo(a)$H(t)$.

7. Relevancia cosmológica

A. Evidencia del Big Bang

- La Ley de Hubble, junto con el CMB y la abundancia de elementos ligeros, es una de las tres evidencias clave de que el universo tuvo un origen explosivo.

B. Expansión Acelerada

- Estudios actuales sobre el desplazamiento al rojo y supernovas tipo Ia han revelado que el universo no solo se expande, sino que lo hace a un ritmo acelerado.

C. Modelos cosmológicos

- La Ley de Hubble es la base para muchos modelos cosmológicos que describen la estructura y evolución del universo.

8. Ejemplo numérico

Supongamos que una galaxia tiene un desplazamiento hacia el rojo que indica una velocidad de recesión de *en*=7,000 kilómetros por segundo *en*=7 ,000kilómetros por segundo. Si la constante de Hubble esyo0=70 kilómetros/seg/Mpc*yo*0=70kilómetros/seg/Mpc, la distancia de la galaxia será:

d=*en*yo$_0$=7,00070=100 MPC *d=yo*$_0$ *en*=707 ,000=100MPC

Esta galaxia estaría a 100 megapársecs de nosotros.

9. Conclusión

La **Ley de Hubble** transformó nuestra comprensión del universo al revelar su naturaleza dinámica y en expansión. Es la base para gran parte de la cosmología moderna, permitiéndonos medir distancias, entender la evolución cósmica y estudiar la estructura a gran escala del universo. Aunque se descubrió hace casi un siglo, sigue siendo un tema de investigación activa debido a las discrepancias en el valor deyo0*yo*0y las implicaciones de la energía oscura.

CONSTELACIÓN DE ANDRÓMEDA: CARACTERÍSTICAS, HISTORIA Y RELEVANCIA

La **constelación de Andrómeda** es una de las constelaciones más conocidas del hemisferio norte. Es célebre tanto por su relación con la mitología como por contener la **Galaxia de Andrómeda (M31)** , el objeto celeste más distante visible a simple vista. A continuación, se detalla la información esencial sobre esta constelación.

1. Características generales

- **Ubicación en el cielo**:
    - Andrómeda se encuentra en el hemisferio norte y es visible durante las noches de otoño y principios de invierno.
    - Se sitúan entre las constelaciones de **Perseo** , **Pegaso** , **Casiopea** y **Triangulum** .
- **Coordenadas Celestes**:
    - **Ascensión recta** : ~23h 00m a 3h 00m.
    - **Declinación**: +20° a +50°.
- **Superficie**:
    - Ocupa un área de **722 grados cuadrados** , lo que la convierte en la **19ª constelación más grande** .
- **Estrellas principales**:
    - **Almach (γ Andromedae)** : Una estrella múltiple de colores contrastantes.
    - **Mirach (β Andromedae)** : Una gigante roja utilizada como referencia para localizar la Galaxia de Andrómeda.

- **Alpheratz (α Andromedae)** : Compartida con la constelación de Pegaso, es la estrella más brillante de Andrómeda.

---

2. Historia y mitología

A. Origen del nombre

- La constelación recibe su nombre de **Andrómeda** , la princesa de la mitología griega, hija de Casiopea y Cefeo. Según la leyenda, Andrómeda fue encadenada a una roca como sacrificio para un monstruo marino, pero fue rescatada por el héroe Perseo.

B. Relación con Otras Constelaciones

- Andrómeda forma parte de un grupo de constelaciones relacionadas con la misma leyenda:
    - **Casiopea**: Su madre.
    - **Cefeo**: Su padre.
    - **Perseo**: Su salvador.
    - **Cetus**: El monstruo marino al que debía enfrentarse.

---

3. Objetos Notables en la Constelación de Andrómeda

A. Galaxia de Andrómeda (M31)

Descripción:

- La Galaxia de Andrómeda es una galaxia espiral situada a **~2.5 millones de años luz** de la Tierra.

- Es el objeto celeste más distante visible a simple vista.
- Tiene un diámetro de ~220,000 años luz, el doble que el de la Vía Láctea.

Importancia Científica:

- Es la galaxia espiral más cercana a la nuestra y se está acercando debido a la atracción gravitacional. Se prevé que colisionará con la Vía Láctea en ~4,500 millones de años.
- Es una fuente clave de información sobre la estructura y evolución de las galaxias.

Acompañantes:

- Las galaxias satélites **M32** y **M110** orbitan alrededor de Andrómeda.

B. Cúmulos y Nebulosas

NGC 752:

- Un cúmulo estelar abierto cercano, observable con telescopios pequeños.

NGC 891:

- Una galaxia espiral vista de perfil, que ofrece una perspectiva única de la estructura galáctica.

---

4. Visibilidad y Observación

A. Visibilidad a Simple Vista

- **Hemisphere Norte:**

- Visible durante el otoño e invierno en latitudes medias.
- Su estrella más brillante, **Alpheratz**, forma parte del "Cuadrado de Pegaso".

B. Cómo Localizarla

- Encuentra la constelación de **Casiopea**, reconocible por su forma de "W".
- La línea entre **Alpheratz** (α Andromedae) y **Mirach** (β Andromedae) guía hacia la **Galaxia de Andrómeda**.

C. Herramientas Recomendadas

- Binoculares o telescopios pequeños son suficientes para observar la galaxia y sus detalles más brillantes.

---

5. Importancia Científica

A. Estudios Galácticos

- La Galaxia de Andrómeda proporciona una referencia para estudiar la estructura, dinámica y evolución de galaxias espirales.

B. Interacción con la Vía Láctea

- El futuro choque entre la Vía Láctea y Andrómeda (formando la galaxia "Milkomeda") es un tema de gran interés en cosmología.

C. Estudios de Materia Oscura

- Las observaciones de la Galaxia de Andrómeda y su sistema de satélites ayudan a investigar la distribución de **materia oscura**.

6. Curiosidades

- **Antigüedad de la Mitología**:
  - Las referencias a la constelación de Andrómeda se remontan a **Ptolomeo**, quien la incluyó en su catálogo en el siglo II.
- **El Objeto M31**:
  - Fue uno de los primeros objetos clasificados por **Charles Messier** en su catálogo.
- **Rivalidad con la Vía Láctea**:
  - Aunque Andrómeda es más grande, la Vía Láctea podría ser más masiva debido a su contenido de materia oscura.

7. Conclusión

La **constelación de Andrómeda** es un tesoro astronómico y cultural. Desde su protagonismo en la mitología griega hasta su importancia en la astronomía moderna, representa un puente entre el pasado y el presente de nuestra comprensión del universo. Observarla no solo nos conecta con nuestra herencia estelar, sino que también nos permite explorar la inmensidad y el dinamismo del cosmos.

"El universo no se expande hacia lo desconocido; lo revela con cada paso que damos hacia sus límites. La humanidad, al mirar más allá de su cuna, se convierte en parte del cosmos mismo."

— Reflexión inscrita en la bitácora de la Odisea Celestial .

Gran Viaje Cósmico: Primera Etapa

Preparación y Salida desde el Sistema Solar: Tierra → Cinturón de Kuiper
(Con el estilo de Asimov, donde ciencia, narrativa y humanidad se entrelazan)

Prólogo: La Humanidad se Prepara para el Salto

La nave Odisea Celestial , una maravilla de la ingeniería humana, flotaba en órbita terrestre como un testimonio del ingenio y la determinación de una especie que alguna vez soñó con tocar las estrellas. No era una nave cualquiera; sus sistemas estaban diseñados para soportar años de viaje a través del espacio profundo, con capacidad para explorar y analizar cada rincón del Sistema Solar.

En su interior, los instrumentos vibran con vida: espectrómetros de última generación, sensores de partículas interestelares y un escudo protector forjado con aleaciones avanzadas, listo para enfrentarse a la radiación y los micrometeoritos del espacio exterior. La tripulación, un grupo diverso de científicos, ingenieros y exploradores, se encontró en un último momento de introspección antes del despegue.

El objetivo de esta primera etapa era claro: salir del abrazo protector del Sistema Solar interior y adentrarse en el Cinturón de Kuiper , una vasta región de cuerpos helados más allá de la órbita de Neptuno, donde se esconden secretos de los primeros días del universo.

La Salida desde la Tierra

Fecha: 15 de enero de 2047.
El despegue de la Odisea Celestial fue un espectáculo sin precedentes. Los motores de fusión nuclear se encendieron con un brillo azul intenso, impulsando la nave con una aceleración constante, evitando las incómodas sacudidas de los sistemas de propulsión química del pasado. En menos de una hora, la nave había cruzado la órbita de la Luna, dejando atrás su hogar planetario y adentrándose en el vasto océano del espacio.

La Tierra, vista desde las cámaras externas de la nave, era un mármol azul perfecto, suspendido en la negra infinita. Los tripulantes, desde sus estaciones, contemplaban con una mezcla de orgullo y melancolía. Sabían que el planeta que habían dejado atrás era tanto su origen como un destino lejano al que regresarían algún día.

La Ruta Hacia el Cinturón de Kuiper

El trayecto hacia el Cinturón de Kuiper , ubicado entre 30 y 50 unidades astronómicas (UA) del Sol, comenzaba con un cruce tranquilo por el Sistema Solar exterior. Durante este tiempo, la tripulación tenía varias tareas asignadas:

1. Estudio de Júpiter y sus Lunas
   Mientras la nave utilizaba la gravedad de Júpiter para un impulso adicional, los sensores se enfocaron en el gigante gaseoso y sus lunas heladas. Europa, con sus grietas cubiertas de hielo, reflejaba un brillo misterioso, como si guardara secretos en su océano subterráneo.

2. Cruce de Saturno y sus Anillos
   Pasar por Saturno era una oportunidad única para observar de cerca la composición y dinámica de sus anillos. Desde la Odisea, se capturaron imágenes detalladas de los fragmentos de

hielo que orbitaban al planeta, cada uno reflejando la luz solar como un millón de diamantes en movimiento.

3. **Encuentro con Urano y Neptuno**
   A medida que la nave avanzaba hacia las regiones más frías del Sistema Solar, Urano y Neptuno aparecieron como esferas azuladas en el horizonte. Sus atmósferas de hidrógeno y helio, combinadas con compuestos como el metano, emitían una serenidad etérea.

Llegada al cinturón de Kuiper

Tras varios meses de viaje, la Odisea Celestial alcanzó finalmente el Cinturón de Kuiper , un vasto anillo de cuerpos helados que orbita más allá de Neptuno. La temperatura en esta región es increíblemente baja, apenas unos pocos grados por encima del cero absoluto, y los objetos del cinturón, conocidos como KBO (Kuiper Belt Objects) , incluyen cuerpos enigmáticos como Plutón, Caronte y el distante Haumea.

1. Primeros Análisis
   Los espectrómetros de la nave detectan la presencia de compuestos volátiles como metano, nitrógeno y dióxido de carbono en las superficies de algunos KBO. Estos compuestos proporcionan pistas sobre las condiciones del Sistema Solar en sus primeros días.

2. **Plutón y su Ecosistema**
   La nave pasó cerca de Plutón, cuya atmósfera tenue y compuestas de nitrógeno se extendía como un velo sobre su superficie helada. Caronte, su luna compañera, mostró grietas profundas que sugerían actividad tectónica pasada.

3. **Objetos Más Distantes**
   Entre los descubrimientos más interesantes estaba un objeto de tamaño medio, designado temporalmente como KBO-X47 ,

que parecía contener un núcleo metálico bajo su superficie helada. Este hallazgo podría cambiar nuestra comprensión de cómo se formaron los planetesimales en el Sistema Solar primitivo.

Reflexión y Próxima Etapa

La primera etapa del viaje había sido un éxito rotundo. Los datos recopilados del Cinturón de Kuiper ofrecen un vistazo a los ingredientes originales de los planetas y al papel de las fuerzas gravitatorias en la formación del Sistema Solar.

El siguiente destino: la Nube de Oort , ese límite misterioso donde los cometas aguardan, como mensajeros de los confines del universo. Pero, por ahora, la tripulación se permite un momento de pausa. En la vasta oscuridad, sabían que el viaje apenas comenzaba.

GRAN VIAJE CÓSMICO: SEGUNDA ETAPA

Destino: La Nube de Oort – Explorando los Confines del Sistema Solar

(Con el estilo de Asimov, donde la narrativa y la ciencia se fundan en una sinfonía cósmica)

Prólogo: Más Allá del Cinturón de Kuiper

Tras completar la primera etapa en el Cinturón de Kuiper, la **Odisea Celestial** se preparaba para aventurarse más allá, hacia el misterioso reino de la **Nube de Oort** , esa vasta región donde el Sistema Solar extiende sus fronteras hacia el espacio interestelar. Aquí, en esta nebulosa de fragmentos helados, reposan los cometas de largo período, guardianes de los secretos del nacimiento del Sol y sus planetas.

El viaje hacia la Nube de Oort no era solo una expedición científica, sino un salto hacia lo desconocido. La tripulación sabía que cualquier información obtenida de esta región tendría implicaciones fundamentales para comprender los procesos que dieron forma al cosmos tal como lo conocemos.

Salida del cinturón de Kuiper

Fecha: 12 de noviembre de 2047.
La Odisea aceleró lentamente, dejando atrás los KBO y el tenue brillo del Sol que ahora parecía una estrella más en la vasta oscuridad. Aquí, en los bordes del Sistema Solar, el espacio no solo era frío, sino también inquietantemente silencioso. La nave, equipada con motores de fusión avanzada, mantenía una aceleración constante, desafiando las enormes distancias que separaban al cinturón de Kuiper de la Nube de Oort.

La nave ajustó sus instrumentos para detectar los tenues rastros de polvo y gas que precedían a la región objetivo. La luz del Sol apenas alcanzaba para iluminar los sensores, y las cámaras comenzaron a captar imágenes de cuerpos lejanos, vagamente visibles en el horizonte cósmico.

La Nube de Oort: Definición y Misterio

¿Qué es la Nube de Oort?

- Es una vasta región esférica que rodea el Sistema Solar, extendiéndose desde **2.000 UA** hasta quizás **100.000 UA** del Sol.

- Contiene **trillones de cuerpos helados** , restos del disco protoplanetario que formaron los planetas.
- Se cree que los cometas de largo período, como el Halley y el Hale-Bopp, tienen su origen aquí.

Primera Detección:
A unas **1,800 UA** del Sol, los instrumentos de la Odisea comenzaron a detectar pequeños cuerpos helados. Los datos confirman inicialeson que estos objetos estaban compuestos principalmente de agua congelada, metano y amoníaco, mezclados con polvo cósmico.

Exploración de la Nube de Oort

La nave entró en la región interior de la Nube de Oort, conocida como la **nube interna o región colmada** . Aquí, los objetos están más densamente agrupados, aunque separados por millones de kilómetros.

1. Observación de Cometas Dormidos

Los sensores identifican varios núcleos cometarios inactivos, que flotaban en silencio absoluto. Uno de ellos, designado temporalmente como **Oort-Alpha** , tenía un núcleo de **35 kilómetros de diámetro** con trazas de compuestos orgánicos. Este hallazgo emocionó a los astrobiólogos a bordo, ya que estos compuestos podrían ser los mismos que habrían sembrado los bloques básicos de la vida en la Tierra.

2. Monitoreo de Interacciones Gravitatorias

La Nube de Oort está influenciada por las fuerzas gravitacionales de las estrellas cercanas y la marea galáctica. Durante su exploración, la Odisea detectó perturbaciones gravitacionales sutiles que podrían haber desplazado cometas hacia el Sistema Solar interior.

3. Detección de Energía Residual

Un objeto particularmente interesante, **Oort-Beta** , mostró emisiones de calor inesperadas. Las mediciones espectrales indicaron una posible actividad interna, quizás causada por la desintegración radiactiva. Este fenómeno desafió las teorías previas, sugiriendo que algunos cuerpos en la Nube de Oort podrían tener procesos internos activos.

Impacto Filosófico y Científico

Mientras la tripulación recopilaba datos, surgían reflexiones sobre el significado de la Nube de Oort en la narrativa cósmica. Esta región no era solo un cementerio de hielo y roca, sino un archivo del Sistema Solar primitivo, donde cada fragmento contenía pistas sobre su origen y evolución.

Los datos recopilados se transmitieron lentamente a la Tierra, dado el retraso significativo en las comunicaciones. La humanidad seguía cada actualización con fascinación, comprendiendo que este viaje no era solo un esfuerzo científico, sino una afirmación de nuestra capacidad para explorar y comprender lo desconocido.

Punto Clave de la Etapa: Encuentro con un Cometa Activo

En las regiones externas de la nube, la Odisea se cruzó con una cometa de largo período en su lento viaje hacia el Sol. Su núcleo, de unos 50 kilómetros, estaba rodeado por una tenue coma de gases sublimados, aunque todavía se encontraba a **1.000 UA** del Sol.

La nave desplegó sondas autónomas para estudiar de cerca la composición de la coma y el núcleo. Se detectaron moléculas complejas como **aminoácidos simples** , confirmando la teoría de que los cometas podrían haber introducido los ingredientes de la vida a la Tierra primitiva.

Reflexión Final y Próxima Etapa

La Nube de Oort marcaba el límite físico y filosófico del Sistema Solar. Más allá de este punto, se extendía el vacío del **espacio interestelar** , un océano que conectaba a nuestra estrella con las lejanas estrellas vecinas.

El siguiente paso sería **cruzar el espacio interestelar hacia Próxima Centauri** , nuestro vecino estelar más cercano, un viaje que pondría a prueba los límites de la tecnología, la resistencia humana y la curiosidad científica.

"La Nube de Oort no es solo el fin de nuestro hogar, sino también el comienzo de todos los demás. Aquí, en esta frontera helada, la humanidad contempla el cosmos con la misma fascinación que tuvo cuando miró por primera vez hacia las estrellas. "

— Inscripción en la bitácora de la **Odisea Celestial** .

GRAN VIAJE CÓSMICO: TERCERA ETAPA

Destino: Espacio Interestelar – Rumo a Próxima Centauri

(Con el estilo narrativo y científico de Isaac Asimov, donde la razón y la exploración se entrelazan con la grandeza del universo)

Prólogo: Más Allá del Sistema Solar

La Nube de Oort, esa última región donde el Sistema Solar extiende su influencia, se desvanecería lentamente detrás de la **Odisea Celestial** . La tripulación contemplaba con asombro la vastedad del espacio interestelar, un abismo oscuro y frío donde las estrellas brillaban como faros lejanos, marcando los confines de lo conocido y lo desconocido.

El nuevo objetivo era claro: alcanzar **Próxima Centauri** , la estrella más cercana al Sol, a **4,24 años luz** de distancia. Este viaje representaba no solo un salto físico hacia el vecino cósmico más próximo, sino también un paso gigantesco en el entendimiento de nuestra posición en el universo.

El Retador Cruce del Espacio Interestelar

Distancia a Cubrir:

- **4,24 años luz** , equivale a **40 billones de kilómetros** .

Tecnología de Propulsión Utilizada:

1. **Motores de fusión avanzados:**
    - Capaces de generar una aceleración constante, reduciendo el tiempo efectivo del viaje.
2. **Velas láser interestelares:**
    - Impulsadas por un haz de energía desde el Sistema Solar, alcanzando velocidades cercanas al 20% de la velocidad de la luz (0,2do0,2 *c*).

Objetivos de la Etapa

1. **Estudio del Espacio Interesante:**
    - Analizar el medio interestelar, compuesto por gas ionizado, partículas cargadas y campos magnéticos.
    - Detectar posibles anomalías gravitacionales o perturbaciones de masas no identificadas.
2. **Preparación para Próxima Centauri:**

- Identificar y catalogar posibles exoplanetas en la zona habitable de Próxima Centauri.
- Estudiar la emisión de rayos X y las fulguraciones de la estrella, conocida por su actividad intensa.

3. **Comprobación de los Límites Humanos y Tecnológicos** :

- Evaluar la resistencia física y psicológica de la tripulación durante el viaje más prolongado hasta la fecha.
- Monitorear la estabilidad de los sistemas de soporte vital y la eficacia de los recursos regenerativos.

Travesía Interestelar: Días del Silencio Cósmico

El paso por el espacio interestelar era distinto a todo lo que la tripulación había experimentado antes. Aquí, lejos de la luz directa del Sol, el espacio era un vacío casi absoluto, apenas interrumpido por trazas dispersas de hidrógeno y helio.

Detectores de Hidrógeno Atómico :
Los sensores de la nave confirmaron que el medio interesante contenía aproximadamente **1 átomo por centímetro cúbico** , un número infinitesimal comparado con cualquier entorno terrestre. Sin embargo, estas partículas, aunque escasas, contaban la historia del universo temprano.

Interacciones con Vientos Interesantes :
La Odisea detectó corrientes de partículas provenientes de supernovas lejanas, que habían atravesado el vacío durante millones de años. Estas partículas portaban elementos pesados como oxígeno y hierro, recordatorios de las estrellas que habían vivido y muerto mucho.

GRAN VIAJE CÓSMICO: CUARTA ETAPA

Destino: Sistema de Próxima Centauri

(Inspirado por el estilo de Isaac Asimov, donde ciencia y narrativa se entrelazan para explorar los misterios del cosmos)

Prólogo: Llegada al Sistema de Próxima Centauri

Después de un largo y desafiante cruce del espacio interesante, la **Odisea Celestial** finalmente llegó al sistema de **Próxima Centauri** , la estrella más cercana al Sol. La estrella roja brillaba con un fulgor tenue pero constante, recordando a la tripulación que estaban a más de **4.24 años luz** de su hogar.

Próxima Centauri no era un sistema cualquiera; albergaba mundos que podrían ser similares a la Tierra y otros completamente diferentes, y sus secretos prometían responder preguntas fundamentales sobre la vida en el universo y el destino de las estrellas.

Objetivos de la Etapa

1. **Exploración de Próxima Centauri b** :
    - Examinar la atmósfera del planeta para buscar biomarcadores como oxígeno, metano o dióxido de carbono.
    - Estudiar las condiciones de su superficie, incluyendo la posibilidad de océanos o glaciares.
2. **Estudio de Próxima Centauri**:
    - Analizar las fulguraciones estelares y su impacto en los planetas del sistema.
    - Observar la composición química de la estrella y compararla con la del Sol.
3. **Búsqueda de otros planetas**:

- Confirmar la existencia de Próxima Centauri c, un posible planeta gigante en el sistema.
- Buscar planetas más pequeños o lunas que puedan estar en la zona habitable.

4. **Estudio del Entorno Interestelar Local:**

- Examinar cómo la heliosfera de Próxima Centauri interactúa con el medio interés.
- Capturar datos sobre el campo magnético local y su influencia en el sistema.

El Encuentro con Próxima Centauri

1. Análisis Inicial de la Estrella

Próxima Centauri es una **enana roja** de tipo espectral M5, con solo el **12% de la masa del Sol** y un brillo mucho menor. A pesar de su tamaño, es notable activa, emitiendo fulguraciones que podrían representar un desafío para cualquier forma de vida en los planetas cercanos.

- **Fulguraciones Detectadas** : Los instrumentos registraron emisiones repentinas de rayos X y ultravioleta. Aunque breves, estas fulguraciones tenían energía suficiente para alterar cualquier atmósfera planetaria débil.
- **Rotación** : Su período de rotación fue medido con precisión: aproximadamente 83 días.

---

2. Exploración de Próxima Centauri b

Próxima Centauri b, un planeta rocoso con una masa al menos 1.17 veces la de la Tierra, orbita a solo **0.048 UA** de su estrella, completando una vuelta cada 11 días.

- **Zona Habitable** : A pesar de su proximidad a la estrella, está en la zona habitable gracias al bajo brillo de Próxima Centauri.
- **Temperatura Estimada** : Oscila entre los **-30°C y 30°C** , dependiendo de la presencia de una atmósfera.
- **Instrumentos de detección**:
  - Los espectrómetros detectan posibles trazas de **ozono** y **metano** , pero los datos no fueron concluyentes.
  - Las imágenes de alta resolución revelaron patrones que podrían ser indicativos de masas de agua congelada en los polos.

---

3. Confirmación de Próxima Centauri c
Próxima Centauri c, un supuesto planeta gigante gaseoso, fue observado con precisión por primera vez. Se confirmó que tenía una órbita mucho más amplia, alrededor de **1,5 UA** , y era similar en tamaño a Neptuno. Este descubrimiento amplió nuestra comprensión de los sistemas planetarios alrededor de las enanas rojas.

Interacciones con el entorno

1. Medio Interestelar Local
La región cercana a Próxima Centauri mostró densidades de gas más altas que las registradas en el entorno del Sol. Estas condiciones podrían afectar las dinámicas de cualquier sistema planetario joven en la vecindad.

2. Heliosfera de Próxima Centauri
El campo magnético de la estrella era más intenso de lo esperado, extendiéndose mucho más allá de lo previsto. Esto protegía

parcialmente los planetas internos de las partículas cósmicas, aunque no de las fulguraciones estelares.

Reflexión y Descubrimientos Filosóficos

La exploración de Próxima Centauri marcó un momento único en la historia de la humanidad. Aquí, a más de cuatro años luz de la Tierra, se encontraba un sistema que ofrecía un vistazo a las posibilidades de la vida más allá de nuestro planeta. Aunque no se encontraron señales claras de vida, los compuestos detectados en Próxima Centauri b sugerían que este mundo podría tener ingredientes similares a los de la Tierra primitiva.

Para la tripulación, la experiencia era tanto científica como espiritual. Cada dato recopilado no solo respondía preguntas sobre el universo, sino que también planteaba nuevas cuestiones sobre el lugar de la humanidad en el cosmos.

Preparación para la Quinta Etapa

Con Próxima Centauri detrás, la Odisea Celestial debía enfrentarse a una decisión audaz: dirigirse hacia un sistema estelar más lejano. Los datos

---

"Aquí, bajo la luz tenue de una estrella distante, descubrimos no solo el potencial de otros mundos, sino también el alcance de nuestra propia curiosidad. Cada paso nos acerca a comprender el tejido mismo del universo."
—Bi**Odisea celestial**

GRAN VIAJE CÓSMICO: QUINTA ETAPA

Destino: Sistema Trappist-1 – Exploración de un Sistema Planetario Multimundo

(Narrado al estilo de Isaac Asimov, donde ciencia y humanidad convergen para desentrañar los misterios del cosmos)

Prólogo: Hacia un Sistema Multiplanetario

Con el sistema de Próxima Centauri explorado y cartografiado, la **Odisea Celestial** dirigió su rumbo hacia el fascinante sistema **Trappist-1** , ubicado a aproximadamente **39 años luz** de la Tierra, en la constelación de Acuario. Este sistema, hogar de **siete planetas terrestres** orbitando una tranquila estrella enana ultrafría, era un destino prioritario para la humanidad desde su descubrimiento en 2017.

Trappist-1 ofrecía un laboratorio natural para estudiar planetas que, aunque diferentes entre sí, compartían un entorno común. Con tres de ellos en la **zona habitable** , la posibilidad de encontrar condiciones propicias para la vida aumentaba exponencialmente.

El Salto Interestelar: Hacia Trappist-1

Distancia a Cubrir:

- **39 años luz** desde la Tierra.

Propulsión y Estrategia del Viaje:

- La nave empleó sus **motores de fusión avanzada** combinados con una red de velas láser interestelares. Estas velas captan energía proyectada desde bases situadas en Próxima Centauri, extendiendo así la autonomía energética de la nave.
- Velocidad alcanzada: 0.25c (25% de la velocidad de la luz), reduciendo el tiempo de viaje a aproximadamente 160 años desde el punto de partida en la Tierra.

Objetivos de la Etapa

1. **Estudio de Trappist-1 y su Estructura Planetaria** :
   - Determinar las características individuales de cada planeta, incluyendo composición atmosférica, actividad tectónica y posibles océanos.
   - Observar la interacción gravitacional entre los planetas, un fenómeno único en este sistema compacto.
2. **Búsqueda de vida:**
   - Detectar biomarcadores como oxígeno, metano o compuestos orgánicos complejos en las atmósferas de los planetas.
   - Estudiar la posible influencia de la radiación ultravioleta de la estrella en el desarrollo de la vida.
3. **Análisis de la Estrella Trappist-1** :
   - Observar el impacto de su baja luminosidad y actividad moderada en la habitabilidad de sus planetas.
4. **Preparación para la Exploración Profunda del Cúmulo Local de Estrellas** :
   - Usar Trappist-1 como base para planificar rutas hacia sistemas estelares cercanos.

Llegada al Sistema Trappist-1

1. Primer Encuentro con la Estrella

Trappist-1 es una **enana ultrafría** de tipo espectral M8, con solo el 9% de la masa solar. Su brillo es tenue, apenas un 0,05% del Sol, y emite principalmente en el espectro infrarrojo. A pesar de su pequeño tamaño, su longevidad es extraordinaria, lo que brinda estabilidad a los planetas que la orbitan.

Emisión detectada:

- Los espectrómetros infrarrojos de la nave captaron señales consistentes con actividad magnética moderada, incluyendo manchas estelares y ocasionales fulguraciones suaves.

---

2. Exploración Planetaria: Los Siete Mundos de Trappist-1

Los siete planetas rocosos orbitan extremadamente cerca de su estrella, en un sistema compacto que recuerda a las lunas de Júpiter. Sus órbitas son resonantes, lo que significa que sus interacciones gravitacionales están perfectamente sincronizadas.

Trapense-1b y Trapense-1c

- **Características** : Mundos cálidos, con temperaturas superficiales demasiado altas para la vida como la conocemos.
- **Observaciones** : Presencia de atmósferas densas de dióxido de carbono, similar a Venus.

Trapense-1d, Trapense-1e y Trapense-1f

- **Zona habitable:**
  - Trappist-1e destaca como el planeta más prometedor, con una superficie posiblemente cubierta de agua líquida y una atmósfera rica en nitrógeno.
  - Trappist-1f podría tener una capa de hielo global, con océanos subglaciales.
- **Biomarcadores detectados:**
  - Trappist-1e mostró trazas de oxígeno molecular y metano, posiblemente resultado de procesos biológicos o geoquímicos.

Trapense-1g y Trapense-1h

- **Características** : Mundos helados en los límites exteriores del sistema.
- **Observaciones** : Potencial de actividad criovolcánica, liberando compuestos orgánicos al espacio.

Interacciones y Descubrimientos Clave

1. Gravitación y Tectónica Dinámica

La proximidad de los planetas genera interacciones gravitacionales intensas, lo que provoca un calentamiento interno que podría alimentar actividad volcánica o tectónica en varios de ellos.

2. Protección Atmosférica

A pesar de la débil radiación ultravioleta de Trappist-1, algunos planetas muestran indicios de haber mantenido atmósferas protectoras, lo que amplía las posibilidades de habitabilidad.

3. Compuestos Orgánicos

El análisis espectral detectó compuestos orgánicos complejos en las atmósferas de los planetas interiores. Aunque no se puede confirmar su origen biológico, su presencia es un paso importante hacia la comprensión de la química prebiótica en sistemas extraterrestres.

Reflexión Filosófica y Científica

La tripulación de la **Odisea Celestial** reflexionó sobre la naturaleza de los mundos encontrados. Trappist-1 no solo representaba un ejemplo de la diversidad planetaria del universo, sino también un recordatorio de que la vida, tal como la conocemos, podría surgir en los entornos más inesperados.

La pregunta no era solo si la humanidad encontraría vida en estos planetas, sino cómo estos descubrimientos redefinirían lo que significa estar vivos en un cosmos tan vasto y diverso.

Preparación para la Sexta Etapa

Con datos masivos recopilados del sistema Trappist-1, la nave se preparó para el próximo salto: una incursión hacia un sistema estelar aún más distante. Los destinos potenciales incluían **Tau Ceti** o **Epsilon Eridani** , ambos prometedores en la búsqueda de vida y comprensión cósmica.

"Trappist-1 es un monumento a la resiliencia del cosmos. Aquí, en esta estrella diminuta, los planetas orbitan en perfecta armonía, recordándonos que la vida puede encontrar su lugar en cualquier rincón del universo."
— Reflexión en la bitácora de la **Odisea Celestial**

GRAN VIAJE CÓSMICO: SEXTA ETAPA

Destino: Sistema de Tau Ceti – Explorando un Sol Similar al Nuestro

(Narrado al estilo de Isaac Asimov, donde la ciencia y la exploración se entrelazan con la búsqueda de significado en el cosmos)

Prólogo: El Camino a Tau Ceti

La **Odisea Celestial** , enriquecida con el conocimiento y los datos recopilados en Trappist-1, apuntó sus velas interestelares hacia un nuevo destino: el sistema de **Tau Ceti** , situado a **11,9 años luz** de la Tierra. Este sistema, dominado por una estrella similar al Sol, había capturado la imaginación de los astrónomos durante siglos por su estabilidad y la posibilidad de albergar planetas rocosos.

Tau Ceti ofrecía algo más que un estudio científico; era un espejo distante de nuestro propio Sistema Solar, un lugar donde quizás podríamos encontrar ecos de nuestra propia existencia planetaria.

El viaje hacia Tau Ceti

Distancia Por Cubrir:

- **11,9 años luz** , equivalente a **113 billones de kilómetros** .

Propulsión y Tiempo de Viaje:

- La nave, impulsada por **velas fotónicas avanzadas** combinadas con **motores de antimateria** , alcanzó velocidades del **30% de la velocidad de la luz (0.3c)** .
- Tiempo estimado del viaje: ~40 años terrestres.

Durante el viaje, la tripulación se enfrentó a desafíos únicos, desde el aislamiento psicológico hasta la necesidad de mantener los sistemas de soporte vital en óptimo funcionamiento. Sin embargo, el espíritu de descubrimiento los impulsaba a continuar, guiados por la promesa de un sistema estelar lleno de potencial.

Objetivos de la Etapa

1. **Estudio de Tau Ceti**:
    - Determinar las propiedades físicas de la estrella, incluyendo su luminosidad, composición química y actividad magnética.
    - Comparar Tau Ceti con el Sol para comprender las diferencias y similitudes entre sistemas planetarios.

2. **Exploración de planetas**:

   - Confirmar la existencia y características de los cinco planetas sospechosos, algunos dentro de la **zona habitable** .
   - Estudiar posibles atmósferas y océanos en planetas rocosos como **Tau Ceti e** y **Tau Ceti f** .

3. **Monitoreo del Disco de Polvo**:

   - Tau Ceti es conocido por tener un extenso disco de polvo circumestelar. Se buscarán indicios de formación planetaria en curso o impactos recientes.

4. **Búsqueda de vida**:

   - Analizar la presencia de biomarcadores en los planetas habitables.
   - Detectar actividad tectónica o geológica que pudiera sostener ecosistemas internos.

Llegada al Sistema de Tau Ceti

1. Primer Encuentro con la Estrella
Tau Ceti es una estrella de tipo espectral **G8V** , ligeramente menos masiva y luminosa que el Sol. Su luz era cálida y familiar, un faro de estabilidad en un universo en constante cambio.

- **Propiedades observadas**:
  - Luminosidad: ~52% de la del Sol.
  - Edad estimada: **5.8 mil millones de años** , ligeramente más antigua que nuestro Sol.
  - Baja actividad: Tau Ceti mostró niveles de fulguración mucho menores que los de Próxima Centauri o

Trappist-1, aumentando las posibilidades de habitabilidad en sus planetas.

2. Exploración de los Planetas

Tau Ceti-e

- **Ubicación** : Dentro de la zona habitable, a **0.55 UA** de la estrella.
- **Características**:
    - Tamaño 1.6 veces el de la Tierra.
    - Presencia de una atmósfera densa compuesta por nitrógeno, con trazas de dióxido de carbono.
    - Temperatura superficial estimada: ~20°C.
    - Evidencia de agua líquida en forma de océanos poco profundos.
- **Clave de Hallazgos**:
    - Se detectaron variaciones estacionales en los niveles de oxígeno, posiblemente indicativas de procesos biológicos.

Tau Ceti f

- **Ubicación** : En el borde exterior de la zona habitable, a **1.35 UA** .
- **Características**:
    - Superficie helada, con capas de hielo que podrían cubrir océanos internos.
    - Alta reflectividad, similar a la de las lunas heladas del Sistema Solar.

- **Clave de Hallazgos**:
    - Actividad criovolcánica detectada, lo que sugiere un núcleo geológicamente activo.

Otros planetas

- Los planetas interiores, **Tau Ceti b** , **c** y **d** , resultaron ser mundos cálidos y áridos, sin señales de habitabilidad.

---

3. Observación del Disco de Polvo
El disco circumestelar de Tau Ceti, rico en silicatos y hielo, reveló un entorno dinámico con colisiones frecuentes entre planetesimales. Esta actividad podría explicar la formación de los planetas terrestres y su diversidad.

- **Riesgo de impacto**:
    - La gran cantidad de asteroides y cometas representaba un desafío para la habitabilidad de los planetas, pero también ofrecía una fuente constante de agua y compuestos orgánicos.

Interacciones y reflexiones

1. La Estabilidad de un Sol Gemelo
Tau Ceti, con su baja actividad y longevidad, ofrece un modelo de estabilidad estelar ideal para el desarrollo de vida compleja. La comparación con el Sol reforzó la idea de que las estrellas de tipo G son las incubadoras naturales de mundos habitables.

2. La Diversidad Planetaria
El sistema demostró cómo incluso los planetas cercanos a una estrella pueden tener características radicalmente diferentes, desde océanos cálidos hasta superficies heladas y desoladas.

3. Posibilidades de vida

Aunque no se detectan señales directas de vida inteligente, los indicios de procesos biológicos en Tau Ceti e encendieron la imaginación de la tripulación. Si existiera vida en este sistema, ¿qué tan similar sería a la nuestra?

Preparación para la Séptima Etapa

Con Tau Ceti mapeado y estudiado, la tripulación se enfrentó a la decisión de su próximo destino. Las posibilidades incluían explorar **Epsilon Eridani** , un sistema conocido por su dinamismo, o adentrarse aún más en los brazos espirales de la galaxia en busca de sistemas estelares aún más exóticos.

"Tau Ceti nos recuerda que no estamos solos en el cosmos. Aunque la vida puede no ser abundante, los ecos de sus posibilidades resuenan en cada planeta, en cada atmósfera, y en cada océano que encontramos."
— Reflexión en la bitácora de la **Odisea Celestial**

GRAN VIAJE CÓSMICO: SÉPTIMA ETAPA

Destino: Sistema de Epsilon Eridani – Un Mundo de Dinamismo y Juventud

(Narrado con el estilo de Isaac Asimov, donde la narrativa y la ciencia se fusionan para explorar los secretos del universo)

Prólogo: Hacia un Sistema Estelar Activo

Después de explorar la tranquilidad y estabilidad de Tau Ceti, la **Odisea Celestial** emprendió su camino hacia un destino que prometía un contraste fascinante: el sistema de **Epsilon Eridani** . Situado a **10,5 años luz** de la Tierra, en la constelación de Eridanus, este sistema es notable por su juventud y actividad. Con solo **800 millones de años** , Epsilon Eridani es una estrella joven y dinámica, rodeada de discotecas de polvo y planetas en formación.

El viaje al sistema no era solo una expedición científica, sino también una oportunidad para observar de cerca los procesos primordiales de formación planetaria que podrían haber moldeado nuestro propio Sistema Solar en sus primeros días.

El viaje hacia Epsilon Eridani

Distancia Por Cubrir:

- **10,5 años luz** , o aproximadamente **99 billones de kilómetros** .

Propulsión y Tiempo de Viaje:

- La **Odisea Celestial** alcanzó velocidades del **35% de la velocidad de la luz (0.35c)** gracias a una combinación de **velas de antimateria fotónica** y motores de plasma de nueva generación.
- Tiempo estimado del viaje: ~30 años terrestres.

Durante el trayecto, los sistemas de inteligencia artificial de la nave se mantuvieron en vigilancia constante, detectando señales de radiación de fondo y analizando partículas interesantes. La tripulación humana alterna entre períodos de hibernación y actividad para optimizar los recursos de la nave.

Objetivos de la Etapa

1. **Estudio de Epsilon Eridani:**
   - Determine la composición química y la actividad magnética de esta estrella de tipo K2V.
   - Analizar los efectos de su juventud en los planetas y discotecas circundantes.
2. **Exploración de Planetas Confirmados**:
   - Epsilon Eridani es conocido por tener al menos **dos planetas confirmados** :
     - **Epsilon Eridani b** (un gigante gaseoso).
     - **Epsilon Eridani c** (un gigante helado más lejano).
   - Identificar posibles mundos rocosos en las regiones internas.
3. **Observación de Discos de Polvo y Formación Planetaria** :
   - Estudiar los discos de escombros y gas que rodean la estrella.
   - Detectar planetesimales en formación y buscar similitudes con el disco protoplanetario del Sistema Solar primitivo.
4. **Evaluar el Potencial de Habitabilidad** :
   - Determinar si alguna de las lunas de los planetas gigantes podría albergar condiciones favorables para la vida.

Llegada al Sistema de Epsilon Eridani

1. Encuentro con la Estrella

Epsilon Eridani es una **enana naranja** más fría y menos luminosa que el Sol, pero mucho más activa debido a su juventud. Su disco de polvo brillante y estructurado es una característica destacada.

- **Propiedades observadas**:
    - Luminosidad: ~34% de la del Sol.
    - Edad estimada: 800 millones de años, lo que la convierte en uno de los sistemas estelares más jóvenes estudiados.
    - Intensidad magnética: Varias veces superior a la del Sol, con fuertes fulguraciones y eyecciones de masa coronal detectadas.

---

2. Exploración de los Planetas

Epsilon Eridani b

- **Ubicación** : A ~3.4 UA de la estrella.
- **Características**:
    - Un gigante gaseoso con una masa aproximada de **1,5 veces la de Júpiter** .
    - Rodeado por un sistema de anillos de polvo y gas, similar pero más masivo que los anillos de Saturno.
    - Posible presencia de **lunas masivas** , algunas con características prometedoras para la habitabilidad.

Epsilon Eridani c

- **Ubicación** : A ~40 UA, en los límites exteriores del sistema.
- **Características**:

- Un gigante helado similar a Neptuno, con una atmósfera rica en metano y amoníaco.
- Alta reflectividad, lo que lo convierte en un objetivo visible incluso a grandes distancias.

---

3. Observación del Disco de Polvo

El disco circumestelar de Epsilon Eridani es uno de los más estudiados en la astronomía moderna. La Odisea captó imágenes de alta resolución que revelaron **tres estructuras principales** :

- **Disco Interno** : Ubicado a menos de 2 UA, rico en silicatos y metal.
- **Cinturón de Asteroides** : Similar al cinturón de asteroides de nuestro Sistema Solar, pero con una densidad mucho mayor.
- **Disco Exterior** : Una vasta región de escombros y hielo, con dinámicas gravitacionales influenciadas por Epsilon Eridani c.

---

4. Hallazgos Clave en el Sistema

- **Planetesimales Activos**:
    - El sistema mostró evidencia de colisiones recientes entre cuerpos menores, produciendo destellos de luz detectables desde la nave.
- **Lunas Prometida**:
    - Una de las lunas de Epsilon Eridani b, designada **"Eri-B2"** , mostró signos de actividad tectónica y atmósfera tenue. Se detectaron trazas de vapor de agua, sugiriendo posibles fuentes hidrotermales bajo su superficie.
- **Composición del disco**:

- Altas concentraciones de carbono, oxígeno y elementos pesados indican que el sistema todavía está en proceso de enriquecimiento químico, una etapa clave para la formación de planetas terrestres.

Reflexiones y lecturas

Epsilon Eridani ofreció una ventana al pasado de nuestro propio Sistema Solar. Su juventud y dinamismo proporcionaron una oportunidad única para estudiar los primeros pasos de la formación planetaria, un proceso que culmina con la aparición de mundos habitables y, quizás, de vida.

La tripulación de la Odisea reflexionó sobre cómo este sistema encapsulaba tanto el caos como el orden del universo, recordándoles que incluso en medio de la turbulencia cósmica, emergen estructuras complejas y bellas.

Preparación para la Octava Etapa

Con los datos recopilados de Epsilon Eridani, la Odisea Celestial debía decidir su próximo destino. La exploración de sistemas más lejanos, como **51 Pegasi** (hogar del primer exoplaneta confirmado), o una incursión hacia cúmulos estelares como las **Pléyades** , prometían nuevas revelaciones sobre la diversidad del cosmos.

"Epsilon Eridani nos muestra el universo en su estado más primitivo y vibrante. Aquí, entre discotecas de polvo y planetas jóvenes, la naturaleza ensaya una y otra vez las fórmulas que eventualmente dan lugar a la vida".
— Bitácora de la **Odisea Celestial**

GRAN VIAJE CÓSMICO: OCTAVA ETAPA

Destino: Sistema 51 Pegasi – Exploración del Primer Sistema con un Exoplaneta Confirmado

(Narrado al estilo de Isaac Asimov, donde la ciencia se convierte en una épica del conocimiento humano)

Prólogo: Rastreando el Origen de los Exoplanetas

El sistema **51 Pegasi** , ubicado a **50,45 años luz** de la Tierra en la constelación de Pegaso, representa un punto clave en la historia de la astronomía. En 1995, los astrónomos Michel Mayor y Didier Queloz descubrieron **51 Pegasi b** , el primer exoplaneta confirmado alrededor de una estrella similar al Sol. Desde entonces, este sistema ha sido un símbolo del comienzo de la exploración exoplanetaria.

La **Odisea Celestial** , cargada con el conocimiento acumulado en sistemas anteriores, se dirige hacia este icónico destino. Aquí, la tripulación esperaba no solo observar a **51 Pegasi b** , sino también descubrir más mundos en su órbita y desentrañar la dinámica de este sistema pionero.

El viaje hacia 51 Pegasi

Distancia Por Cubrir:

- **50,45 años luz** , equivalente a **477 billones de kilómetros** .

Propulsión y Tiempo de Viaje:

- Con los **motores de antimateria** operando al 40% de la velocidad de la luz (0,4do0,4 *c*), el tiempo estimado para completar este viaje fue de aproximadamente **125 años** .

- Durante este tiempo, la nave permaneció en un estado de **hibernación controlada** , con sistemas automatizados recopilando datos del espacio interesante.

El viaje no fue solo un desafío tecnológico, sino un recordatorio de la vasta escala del cosmos y de la perseverancia de la humanidad para explorar incluso los lugares más lejanos.

Objetivos de la Etapa

1. **Estudio de 51 Pegasi**:
   - Analizar las características de esta estrella de tipo G2.5IV, ligeramente más evolucionada que el Sol.
   - Observar su composición y dinámica, y compararla con otras estrellas similares.
2. **Exoplanetas del Sistema**:
   - Confirmar las propiedades de **51 Pegasi b** , un gigante gaseoso que orbita cerca de su estrella.
   - Buscar nuevos exoplanetas, especialmente aquellos en zonas habitables o con características similares a la Tierra.
3. **Estudio de Formación Planetaria**:
   - Analizar los discos de polvo y gas remanentes para comprender la formación de sistemas planetarios alrededor de estrellas maduras.
4. **Búsqueda de vida**:
   - Examinar las lunas de 51 Pegasi b (si las hay) en busca de posibles biomarcadores.

Llegada al Sistema 51 Pegasi

1. Primer Encuentro con la Estrella

51 Pegasi es una estrella de tipo espectral **G2.5IV** , con una masa y luminosidad ligeramente mayores que las del Sol. Su estado subgigante indica que está en una etapa posterior de su evolución, comenzando a agotar su suministro de hidrógeno.

- **Propiedades observadas**:
  - Luminosidad: ~150% de la del Sol.
  - Temperatura superficial: ~5.570 K.
  - Edad estimada: **6.000 millones de años** , más antigua que nuestro Sol.

---

2. Exploración de 51 Pegasi b

El primer exoplaneta confirmado alrededor de una estrella similar al Sol es un **"Júpiter caliente"** , un gigante gaseoso con características extremas debido a su proximidad a la estrella.

- **Ubicación**:
  - Orbita a solo **0.05 UA** de su estrella, completando una revolución en **4.2 días** .
- **Características**:
  - Masa: ~0.46 veces la masa de Júpiter.
  - Atmósfera: Rica en hidrógeno y helio, con trazas de metano, dióxido de carbono y sodio.
  - Temperatura superficial: ~1,200 °C debido a su cercanía a la estrella.
- **Observaciones Clave**:

- Se detectan potentes vientos supersónicos que redistribuyen el calor desde el lado diurno hacia el lado nocturno.
- No se encontraron lunas detectables, posiblemente debido a las fuerzas de marea extremas.

---

3. Búsqueda de Nuevos Exoplanetas
El equipo desplegó sus sensores avanzados y descubrió señales de un segundo planeta, designado **51 Pegasi c** , orbitando más lejos de la estrella.

- **51 pegasos c**:
  - Tipo: Gigante helado, similar to Urano.
  - Ubicación: Órbita a ~5.2 UA, en una región más fría y tranquila del sistema.
  - Características: Atmósfera rica en metano, con posibles anillos de polvo y hielo.

---

4. Formación Planetaria y Disco Circumestelar
Aunque el sistema ya no presenta discos densos de formación, los instrumentos detectan restos de un **disco de escombros** en su región exterior, posiblemente resultado de colisiones entre planetesimales.

- **Densidad del disco**:
  - Moderada, con alta presencia de silicatos y carbono.
  - Este disco podría estar alimentando a los planetas más externos, como 51 Pegasi c.

Descubrimientos Clave

1. **Dinámica de los Júpiteres Calientes**
   El estudio de 51 Pegasi b confirma que los **Júpiteres calientes** migran desde las regiones exteriores hacia órbitas más cercanas a su estrella, alterando significativamente la dinámica de sus sistemas.
2. **Comparación con el Sistema Solar**
   El contraste entre 51 Pegasi y el Sistema Solar destacó la diversidad de arquitecturas planetarias en el cosmos, desde sistemas compactos hasta sistemas con planetas ampliamente espaciados.
3. **Condiciones Extremas**
   Las altas temperaturas y la radiación intensa cerca de 51 Pegasi b reafirmaron que la vida, tal como la conocemos, es poco probable en estos mundos extremos, pero abrieron preguntas sobre la química orgánica en tales ambientes.

Reflexiones Filosóficas y Científicas

La llegada al sistema 51 Pegasi marcó un hito en la exploración humana: el estudio detallado del primer exoplaneta jamás confirmado por la ciencia. Este sistema simbolizaba el comienzo de nuestra búsqueda por mundos lejanos y la posibilidad de encontrar reflejos de nosotros mismos en el cosmos.

La tripulación reflexionó sobre cómo este sistema, tan diferente al nuestro, seguía compartiendo los mismos principios fundamentales de la física y la gravedad, un recordatorio de la universalidad de las leyes que gobiernan el universo.

Preparación para la Novena Etapa

Con los datos de 51 Pegasi analizados, la Odisea Celestial se preparó para adentrarse aún más en la galaxia. Los posibles destinos incluían **Gliese 581** , un sistema famoso por sus planetas potencialmente habitables, o una expedición hacia el corazón del **Cúmulo de Hércules** , un conglomerado de sistemas estelares que promete nuevas sorpresas.

"51 Pegasi, con su gigante ardiente y su lejanía sublime, es un recordatorio de que los mundos más extraordinarios no están hechos para nosotros, pero nos llaman igualmente a entenderlos. Aquí, en este sistema pionero, comenzamos a mirar el universo con ojos nuevos ".
— Reflexión en la bitácora de la **Odisea Celestial**

1. **GRAN VIAJE CÓSMICO: NOVENA ETAPA**

Destino: Sistema Gliese 581 – Buscando Tierras Distantes y Posibles Hogares
(Narrado con el estilo de Isaac Asimov, entrelazando ciencia y narrativa para desentrañar los misterios del cosmos)

Prólogo: Rumbo a un Sistema de Promesas

Tras el histórico estudio de 51 Pegasi, la **Odisea Celestial** ajustó su rumbo hacia uno de los sistemas más intrigantes del cosmos: **Gliese 581** , ubicado a **20,3 años luz** de la Tierra en la constelación de Libra. Este sistema se convirtió en un ícono de la búsqueda de vida extraterrestre cuando, en 2007, se descubrió varios planetas orbitando su estrella, algunos potencialmente en la **zona habitable** .

La exploración de Gliese 581 no solo ofrecía la posibilidad de encontrar un planeta similar a la Tierra, sino que también abriría la puerta a preguntas más profundas sobre los fundamentos de la vida en el universo.

El viaje hacia Gliese 581

Distancia Por Cubrir:

- **20,3 años luz** , equivalente a **192 billones de kilómetros** .

Propulsión y Tiempo de Viaje:

- Gracias a la combinación de **velas láser fotónicas** y **propulsión de antimateria** , la **Odisea Celestial** alcanzó velocidades del **50% de la velocidad de la luz (0,5do0,5 *c*)** , completando el trayecto en aproximadamente **40 años** .

Durante el trayecto, la nave se benefició de la experiencia adquirida en misiones anteriores. La tripulación alternaba períodos de actividad e hibernación para mantener la eficiencia operativa y psicológica mientras los sistemas automatizados analizaban el entorno interesante.

Objetivos de la Etapa

3. **Estudio de Gliese 581**:
   - Analizar las características físicas y químicas de esta estrella de tipo M3V, una enana roja fría y longeva.
   - Observe cómo su bajo brillo afecta la dinámica de su sistema planetario.
4. **Exploración de los Planetas Confirmados** :
   - Gliese 581 tiene al menos **cuatro planetas confirmados** y otros candidatos no verificados.

- Examinar **Gliese 581g** , el más prometedor en la zona habitable, y **Gliese 581d** , un posible mundo oceánico.

5. **Evaluación de Habitabilidad**:

   - Detectar biomarcadores como oxígeno, metano y dióxido de carbono en las atmósferas de los planetas.
   - Buscar evidencia de procesos geológicos o atmosféricos que puedan sustentar vida.

Llegada al Sistema Gliese 581

1. Primer Encuentro con la Estrella
Gliese 581 es una **enana roja** de baja masa, con solo el **30% de la masa del Sol** y una luminosidad aproximadamente **0.2% de la solar** . Su luz rojiza bañaba el sistema en un resplandor tenue pero constante, un contraste marcado con la brillantez de nuestro Sol.

- **Propiedades Observadas

Las partículas orgánicas complejas detectadas en la atmósfera superior, como hidrocarburos y nitrilos, podrían ser precursores químicos de moléculas relacionadas con la vida. - Modelos gravitacionales sugieren un núcleo activo, con posibles fuentes hidrotermales en el fondo de los océanos, lo que aumenta la probabilidad de entornos habitables para formas de vida similares a las terrestres. - **Reflexión Científica**: Gliese 581d es un ejemplo

Reflexión final del viaje

La llegada al sistema **Gliese 581** marcó un punto culminante en la odisea cósmica de la humanidad. A través del análisis de su estrella tenue y longeva, y la exploración detallada de sus planetas, la tripulación de la **Odisea Celestial** comprendió que este sistema encapsulaba las posibilidades y limitaciones de la vida más allá de la Tierra.

El planeta **Gliese 581g** , aunque intrigante, mostró una superficie compleja, marcada por zonas de temperaturas extremas debido a su rotación sincronizada con la estrella. Mientras tanto, **Gliese 581d** ofreció un vistazo a un mundo cubierto por océanos perpetuos, donde los indicios de actividad química daban esperanza para futuras investigaciones sobre vida microbiana.

Impacto Científico y Filosófico

El estudio del sistema Gliese 581 no solo proporcionó datos valiosos sobre la diversidad de los mundos habitables, sino que también planteó preguntas más profundas sobre nuestra propia existencia. ¿Qué significa ser parte de un cosmos tan vasto y diverso? ¿Dónde trazamos la línea entre lo que conocemos y lo que podemos imaginar?

Para la tripulación de la **Odisea Celestial** , cada descubrimiento fue un recordatorio de que la humanidad, aunque pequeña en escala cósmica, tiene la capacidad única de explorar, comprender y maravillar.

"En Gliese 581 encontramos no solo un sistema de mundos, sino un espejo que refleja nuestra curiosidad y nuestro lugar en el universo. El viaje continúa, pero las lecciones aprendidas aquí quedarán grabadas en la memoria colectiva de nuestra especie."
— Bitácora Final de la Novena Etapa, **Odisea Celestial**

La exploración de Gliese 581 marcó un cierre temporal. Ahora, la nave, su tripulación y los que observan desde la Tierra reflexionan sobre cuál será el próximo salto en esta gran odisea cósmica.

1. GRAN VIAJE CÓSMICO: DÉCIMA ETAPA

Destino: El Cúmulo de Hércules (M13) – Una Aventura Galáctica entre las Estrellas Antiguas

(Narrado al estilo de Isaac Asimov, donde la ciencia y la exploración se combinan con la grandeza de lo desconocido)

Prólogo: Más Allá de los Sistemas Estelares Solitarios

La **Odisea Celestial** , cargada con los secretos y misterios de los sistemas estelares individuales explorados hasta ahora, apuntó su mirada hacia un destino de proporciones galácticas: el **Cúmulo de Hércules (M13)** , uno de los cúmulos globulares más espectaculares de la Vía Láctea. Situado a **22.200 años luz** de la Tierra, en la constelación de Hércules, este cúmulo alberga más de **300.000 estrellas** compactadas en un espacio relativamente pequeño.

El viaje hacia M13 no era solo un salto físico hacia las profundidades de nuestra galaxia, sino también un intento por comprender las raíces más antiguas del cosmos y los entornos extremos donde la vida podría haber tenido una oportunidad inesperada.

El viaje hacia M13

Distancia Por Cubrir:

- **22.200 años luz** , equivalente a **210.000 billones de kilómetros** .

Propulsión y Tiempo de Viaje:

- Gracias a la avanzada tecnología de **motores de curvatura cuántica** , desarrollada a partir de datos recopilados durante los viajes anteriores, la **Odisea Celestial** alcanzó velocidades efectivas del **70% de la velocidad de la luz (0,7do0,7 *c*)** .

- Tiempo de viaje: ~32,000 años terrestres (reducidos a 300 años subjetivos debido a la dilatación del tiempo).

Durante este viaje monumental, la nave entró en estado de **hibernación profunda** mientras sus sistemas automatizados monitoreaban el entorno interesante y ajustaban su trayectoria con precisión milimétrica.

Objetivos de la Etapa

4. **Exploración del Cúmulo M13**:
   - Analizar las propiedades generales del cúmulo, incluidas su densidad estelar, composición química y dinámica interna.
   - Observa cómo interactúan las estrellas en un entorno tan compacto y gravitacionalmente intenso.
5. **Estudio de Estrellas Antiguas**:
   - Investigar las estrellas más antiguas del cúmulo, muchas de las cuales tienen edades superiores a **12.000 millones de años** .

   Propiedades observadas:

   - Las estrellas en el cúmulo M13 son principalmente **enanas rojas** y **gigantes rojas** , compuestas casi exclusivamente de hidrógeno y helio, con muy pocos elementos pesados ("metales"), lo que indica que se formaron en los primeros mil millones de años después del Big Bang .

- Algunas estrellas muestran variabilidad, como **RR Lyrae** , usadas como indicadores de distancia cósmica.

- **Evidencia de Sistemas Planetarios**:

    - Aunque los bajos niveles de metales limitan la formación planetaria, los datos espectrales revelan señales de discos protoplanetarios residuales en ciertas estrellas jóvenes del cúmulo, lo que sugiere que **algunos planetas podrían haber sobrevivido** en estos entornos hostiles.

---

3. Dinámica y Entorno del Cúmulo

Interacciones Gravitacionales Intensas :

- La densidad estelar en el núcleo del cúmulo es tan alta que las estrellas están separadas por distancias equivalentes al sistema Tierra-Sol, lo que las hace extremadamente susceptibles a perturbaciones gravitacionales.

- Se observaron fenómenos únicos como **encuentros estelares cercanos** y la creación de sistemas binarios dinámicos.

Estrellas Rezagadas Azules:

- Estas estrellas, inusualmente jóvenes y calientes para su entorno, podrían haberse formado por la fusión de dos estrellas más antiguas debido a colisiones gravitacionales.

4. Exploración de Posibles Lugares Habitables

Aunque los cúmulos globulares como M13 no son considerados los entornos ideales para la habitabilidad, la **Odisea Celestial** encontró áreas de interés:

1. Estrellas con Zonas de Estabilidad Orbital :

- En los bordes del cúmulo, donde las interacciones gravitacionales son menos caóticas, algunas estrellas mostraron señales de zonas habitables estables.
- Una estrella designada como **M13-Z7** albergaba un planeta tipo "super-Tierra" con signos de una atmósfera delgada rica en dióxido de carbono, lo que podría permitir condiciones similares a Marte.

2. Planetas Vagabundos:

- Se detectan cuerpos planetarios "huérfanos" flotando entre las estrellas del cúmulo. Estos planetas podrían haber sido expulsados de sus órbitas por encuentros gravitacionales cercanos.
- Uno de estos **planetas vagabundos** , designado como **M13-Rogue1** , capturó la atención de la tripulación. Aunque carecía de una estrella madre, los sensores detectan una tenue atmósfera compuesta de metano y amoníaco, junto con signos de actividad geotérmica.
- **Características observadas**:
- Superficie cubierta de hielo, pero con regiones donde el calor interno creaba grietas y posibles lagos subglaciares.

- Fuertes emisiones de infrarrojos indican fuentes de calor internas, posiblemente debido a la desintegración radiactiva oa un núcleo activo.
- **Implicación Científica** :
  La presencia de actividad geotérmica sugiere que incluso los planetas expulsados de sus órbitas pueden sostener entornos habitables en su interior, proporcionando refugios para formas de vida extrema.
- **Hallazgos Clave en el Cúmulo M13**
- **Estabilidad Cósmica y Longevidad**:
- La edad avanzada del cúmulo (~12.000 millones de años) ofrece una visión única de las primeras épocas del universo.
- La estabilidad relativa del cúmulo a lo largo del tiempo sugiere que algunas formas de vida primitiva podrían haber tenido tiempo suficiente para surgir y evolucionar en ciertos entornos protegidos.
- **Fenómenos Gravitacionales Únicos**:
- Las frecuentes colisiones y encuentros cercanos entre estrellas generan configuraciones inusuales, como sistemas binarios dinámicos y estrellas rezagadas azules.
- **Evidencia de Química Compleja**:
- En algunas estrellas y planetas, se detectan moléculas orgánicas simples, lo que refuerza la idea de que los bloques básicos de la vida están presentes incluso en los entornos más extremos.
- **6. Reflexión Filosófica y Científica**
- El cúmulo M13 representa un vistazo a los orígenes del universo, un lugar donde la gravedad ha moldeado no

solo las estrellas, sino también las posibilidades de habitabilidad. Aquí, en este vasto enjambre de luces antiguas, la tripulación de la **Odisea Celestial** comprendió que los extremos del cosmos son tanto laboratorios naturales como recordatorios de la complejidad y la resiliencia de la naturaleza.

- *"En los confines de M13, entre sus estrellas antiguas y su densa oscuridad, no encontramos solo ecos del pasado cósmico, sino también una promesa: que incluso en los entornos más improbables, la vida y la posibilidad persisten, escondidas entre los pliegues del tiempo. y el espacio."*
  — Bitácora Final de la Décima Etapa, **Odisea Celestial**

GRAN VIAJE CÓSMICO: DÉCIMA PRIMERA ETAPA

Destino: La Gran Barrera de la Galaxia – Explorando los Límites Exteriores de la Vía Láctea

(Narrado con el estilo de Isaac Asimov, donde el misterio y la ciencia convergen en una épica cósmica)

Prólogo: Rumbo hacia los Confines Galácticos

La **Odisea Celestial** , impulsada por el conocimiento recopilado en los cúmulos estelares y sistemas planetarios explorados, puso su curso hacia el **borde de la Vía Láctea** , esa región donde las estrellas se disipan y el espacio interestelar comienza a fusionarse con el vacío intergaláctico.

Conocida como la **Gran Barrera de la Galaxia** , esta vasta frontera está marcada por fenómenos e

El objetivo no era solo cruzar esta frontera, sino también estudiar cómo interactúan las fuerzas gravitacionales de la galaxia con

El Viaje hacia la Gran Barrera

Distancia a Cubrir:

- Aproximadamente **50.000 años luz** desde el centro de la Vía Láctea.

Propulsión y Estrategia del Viaje:

- La **Odisea Celestial** utilizó sus **motores de curvatura cuántica avanzada.**para alcanzar velocidades equivalentes al **90% de la velocidad de la luz (0.9do0,9 *c*)** .
- Tiempo estimado: ~55,000 años terrestres (reducidos a 600 años subjetivos gracias a la dilatación temporal).

Objetivos de la Etapa

1. **Estudio del Borde Galáctico**:
    - Analizar la transición entre la región dominada por la gravedad de la Vía Láctea y el vacío intergaláctico.
    - Detectar cúmulos estelares dispersos y galaxias satélites, como las **Nubes de Magallanes** .
2. **Exploración de Materia Oscura:**
    - Investigar la distribución de la **materia oscura** en los límites galácticos, donde su influencia gravitacional es más evidente.
3. **Fenómenos intergalácticos**:
    - Observar las corrientes de gas y partículas que conectan la Vía Láctea con otras galaxias en el **Grupo Local** .
4. **Preparación para Exploración Intergaláctica:**

- Estudiar la viabilidad de viajes

Llegada a la Gran Barrera

1. Transición hacia el Borde Exterior
La densidad estelar disminuyó progresivamente a medida que la nave se acercaba al borde galáctico. Las estrellas solitarias y los cúmulos abiertos dieron paso a vastas regiones de vacío. Aquí, la influencia gravitacional de la galaxia compite con las fuerzas del espacio intergaláctico.

Propiedades observadas:

- **Corrientes de Gas**:
  - Se detectaron filamentos de gas ionizado conectando la galaxia con sus alrededores, conocidos como **corrientes de marea galáctica** .
- **Cúmulos Globulares**:
  - Algunos cúmulos, como **NGC 2419** , se encontraban en órbitas extremadamente alejadas, actuando como testigos silenciosos de la historia de la galaxia.

---

2. Observación de Materia Oscura
El equipo utilizó sistemas de detección avanzados para cartografiar la distribución de * **materia oscura** , esa sustancia invisible que constituye gran parte de la masa de la galaxia.

- **Clave de Hallazgos**:
  - La materia oscura formaba un **halo gravitacional** que se extendía más allá del borde visible de la Vía Láctea.

- Su influencia mantenía unidas a las estrellas y cúmulos en la periferia galáctica, evitando que fueran expulsados al vacío intergaláctico.

---

3. Fenómenos Intergalácticos

Puentes de Gas Interestelar

- Se observaron **corrientes de gas intergaláctico** que fluían entre la Vía Láctea y las galaxias.**Nubes de Magallanes** y * Sagitario *A*.
- Estas corrientes actúan como rutas naturales de intercambio de materia entre galaxias, un fenómeno crucial en la evolución galáctica.

Radiación cósmica de fondo

- Los sensores captaron niveles de **radiación cósmica** inu

Reflexiones y Hallazgos Clave

1. El Borde de la Galaxia como un Límite Flexible
Lejos de ser un borde rígido, la **Gran Barrera de la Galaxia** es una r

2. La Presencia de Vida Más Allá de la Galaxia
Aunque las posibilidades de vida disminuyen en regiones de baja densidad estelar, los planetas errantes detectados en esta zona podrían albergar océanos internos protegidos por fuentes geotérmicas.

3. Preparativos para el Futuro
Este viaje confirma que la exploración de galaxias vecinas es factible, aunque requerirá avances adicionales e

---

Próxima Etapa: Cruzando hacia Andrómeda

Con los datos recopilados en el borde de la Vía Láctea, la **Odisea Celestial** se prepara para su misión más audaz: un salto intergaláctico hacia la **galaxia de Andrómeda** , situada a **2,5 millones de años luz** .

"En los límites de la galaxia, donde la luz se debilita y el vacío se extiende, encontramos la esencia del universo: un equilibrio entre la inmensidad y la conexión. La Gran Barrera no es el final, sino el comienzo de algo aún más vasto. ".
— Reflexión en la bitácora de la **Od**Odisea celestial**

Un Salto Más Allá del Hogar Galáctico

Tras explorar los límites de la ***Vía Láctea*** *, la* ***Odisea Celestial*** *se preparó para su desafío más ambicioso:* ***cruzar el vacío intergaláctico*** *hacia* ***Andrómeda*** *, la galaxia espiral más cercana a la nuestra, situada a* ***2,5 millones de años luz*** *. Esta misión no era solo una travesía física, sino un salto hacia lo verdaderamente desconocido, hacia un reino donde la humanidad.*

El viaje hacia Andrómeda prometía redefinir la escala de la exploración cósmica. Los desafíos no eran solo técnicos, sino también filosófica.

EL SALTO HACIA ANDRÓMEDA

Distancia Por Cubrir:

- **2,5 millones de años luz** , o aproximadamente **23,6 quintillones de kilómetros** .

Propulsión y Tiempo de Viaje:

- La **Odisea Celestial** utilizó su sistema de **mo**motores de curvatura cuántica avanzada** , logrando velocidades efectivas cercanas a la velocidad de la luz (0,99do0,99 *c*).
- Tiempo estimado del viaje: ~2,5 millones de años terrestres, reducidos a **4.000 años subjetivos** gracias al

Estrategia del viaje:

- Durante el trayecto, la tripulación y los sistemas entrarían en **hibernación prolongada** , despertando en puntos clave para ajustes de trayectoria y análisis del medio intergaláctico.
- Los sistemas autónomos se encargarían de monitorizar partículas interestelares, radiación y campos gravitacionales.

Objetivos de la Etapa

1. **Explorar el Medio Intergaláctico**:
    - Investigar la densidad de materia y energía en el vacío entre galaxias.
    - Detectar corrientes de gas interestelar y estructuras de materia oscura que conectan la Vía Láctea y Andrómeda.
2. **Preparación para Andrómeda**:
    - Identificar regiones de interés d
    - Buscar cúmulos globulares y estrellas masivas para anclajes gravitacionales durante la entrada.
3. **Evaluar el Entorno Galáctico de Andrómeda** :
    - Analizar las diferencias y similitudes con la Vía Láctea.

- Estudiar su halo galáctico, un vasto depósito de gas y materia oscura.

El Viaje a Través del Vacío Intergaláctico

1. Exploración del Medio Intergaláctico
A medida que la nave dejaba atrás la Vía Láctea, la densidad de materia disminuía distribuidamente. Sin embargo, los sistemas de detección detectan **corrientes de gas ionizado** , conocidos como **filamentos cósmicos** , que conectaban las galaxias en una vasta red.

- **Clave de Hallazgos**:
  - El medio intergaláctico contenía principalmente hidrógeno ionizado y trazas de helio, vestigios del Big Bang.
  - Los sensores detectan fluctuaciones gravi

2. Encuentro con Planetas Vagabundos
En el vasto vacío, la **Odisea Celestial** encontró un **planeta errante** , expulsado de su ga

---

Llegada a Andrómeda

Después de milenios de viaje, la **Odisea Celestial** alcanzó el **halo galáctico de Andrómeda** , una vasta región compuesta de gas caliente y materia oscura que rodea la galaxia. Este era un preludio

1. Entrada en la Galaxia

- La nave cruzó los brazos exteriores de Andrómeda, donde las estrellas estaban dispersas, pero comenzaban a formar cúmulos más densos.
- Se detectaron sistemas estelares ricos en elementos pesados, un indicativo de que A

2. Exploración del Núcleo Galáctico

El **agujero negro supermasivo** de ~100 millones de masas solares, se reveló como una fuente intensa de radiación y actividad gravitacional.

- **Propiedades observadas**:
    - Corrientes de estrellas y gas orbitaban el núcleo a velocidades extremas, formando un disco de
    - Las emisiones

Comparación con la Vía Láctea

1. Tamaño y estructura

- Andrómeda es significativamente más grande que

2. Diversidad Estelar

- La galaxia contenía regiones de intensa formación estelar, cúmulos globulares antiguos y áreas de interacción gravitacional con galaxias.

3. Materia Oscura

- El halo de Andrómeda resultó ser aún más masivo que el de la Vía Láctea, lo que sugirió que su crecimiento había sido influenciado

---

Reflexión Filosófica y Científica

La llegada a Andrómeda fue un momento trascendental en la historia de la humanidad. Por primera vez, una nave humana había cruzado el vacío intergaláctico para explorar una galaxia vecina. Este viaje no solo amplió los límites del conocimiento, sino que también subrayó la resiliencia y la curiosidad infinita de nuestra especie.

"En el vasto vacío que separa a las galaxias, encontramos no un abismo, sino un puente. Y al cruzarlo, Andrómeda nos recibe como un eco del universo: familiar, y al mismo tiempo, completamente nuevo."
— Reflexión en la bitácora de la **Odisea Celestial**

1. Hacia un Enlace Galáctico

Con los datos iniciales de Andrómeda recopilados, la **Odisea Celestial** *se preparó para expandir su alcance hacia otras galaxias del* **Grupo Local** *, una colección de más de* **50 galaxias** *unidas gravitacionalmente. Este conglomerado de galaxias, dominado por la* ***Vía Láctea*** *,* ***Andrómeda*** *y el* ***Triángulo (M33)*** *, es un laboratorio natural para estudiar las interacciones galácticas y el papel de la gravedad en la formación del universo a gran escala.*

La misión no era solo científica, sino también simbólica. Cada galaxia explorada representaba un paso más hacia la comprensión de cómo se forman, evolucionan y eventualmente interactúan los vastos sistemas estelares del cosmos.

EL VIAJE A TRAVÉS DEL GRUPO LOCAL

Distancia a Cubrir:

- Entre galaxias del Grupo Local, las distancias oscilan entre **160.000 años luz** (Nubes de Magallanes) y **3 millones de años luz** (Triángulo).

Propulsión y Estrategia del Viaje:

- Utilizando los **motores de curvatura cuántica avanzada** , la **Odisea Celestial** navegó a velocidades cercanas a la luz (0,99do0,99 *c*), ajustando su trayecto para visitar los destinos prioritarios.

Objetivos del viaje:

3. **Explorador Galaxias Satélites Cercanas**:

- Investigar las **Nubes de Magallanes** , que orbitan la Vía Láctea, para comprender las interacciones galácticas.

4. **Estudio de M33 (Triángulo)**:

- Analizar esta galaxia espiral, la tercera más grande del Grupo Local, en busca de similitudes y diferencias con Andrómeda y la Vía Láctea.

5. **Cartografiar el Grupo Local**:

- Crear un mapa tridimensional detallado de las galaxias del Grupo Local, enfocándose en las corrientes de gas, materia oscura y cúmulos globulares.

---

1. Exploración de las Nubes de Magallanes

1.1 Gran Nube de Magallanes (LMC):

- **Ubicación** : A ~160,000 años luz de la Vía Láctea.
- **Características**:
  - Una galaxia irregular rica en regiones de formación estelar, como la **Nebulosa de la Tarántula** , una de las mayores guarderías estelares del Grupo Local.
  - Su interacción gravitacional con la Vía Láctea genera corrientes de gas y estrellas conocidas como **Corriente de Magallanes** .

Clave de Hallazgos:

- Evidencia de colisiones pasadas con galaxias enanas más pequeñas.
- Altos niveles de actividad estelar, con cúmulos jóvenes y supernovas recientes.

1.2 Pequeña Nube de Magallanes (SMC):

- **Ubicación** : A ~200,000 años luz de la Vía Láctea.
- **Características**:
    - Menor que la LMC, pero igualmente rica en gas y actividad estelar.
    - Signos de interacción gravitacional con la Gran Nube de Magallanes.

Clave de Hallazgos:

- Trazas de un puente gravitacional de gas que conecta ambas nubes.
- Estrellas de pueblo

1.3 Interacciones entre la Gran y la Pequeña Nube de Magallanes:

Ambas galaxias están conectadas por un puente de gas conocido como el **Puente Magallánico** , formado por la interacción gravitacional que las vincula. Este puente contiene

- **Hallazgos Clave en el Puente Magallánico:**
    - Evidencia de formación estelar en regiones del pu
    - Los espectrómetros de la **Odisea Celestial** detectan moléculas complejas de carbono, precursores de comp

- Modelos gravitacionales sugieren que estas interacciones podrían eventualmente llevar a la fusión de ambas galaxias.

Impacto en la Vía Láctea:
Las **Nubes de Magallanes** están perdiendo gas y estrellas hacia la Vía Láctea, alimentando su halo galáctico. Esta interacción confirma que las galaxias no son sistemas aislados, sino que constantemente intercambian materia y energía.

2. Exploración de M33 (Galaxia del Triángulo)

La **Galaxia del Triángulo (M33)** , a ~3 millones de años luz, es la tercera más grande del Grupo Local. Aunque más pequeña que Andrómeda y la Vía Láctea, es un ejemplo perfecto de una galaxia espiral activa y rica en regiones de formación estelar.

2.1 Observaciones generales:

- **Tamaño:** Diámetro de ~60,000 años luz, con brazos espirales definidos y un núcleo compacto.
- **Actividad Estelar:** La g**NGC 604** , una nebulosa gigante.
- **Rotación:** Más rápida en sus brazos exteriores que la predicha por su masa visible, confirmando la presencia de un halo de **materia oscura** .

2.2 Regiones de Formación Estelar:
La **Odisea Celestial** se acercó a **NGC 604** , una región de formación estelar de 1,500 años

- **Composición del Gas:** Predominantemente hidrógeno y helio, con trazas de oxígeno y carbono.
- **Supernovas Activas:** Se detectan

3. Cartografía del Grupo Local

3.1 Dinámica del Grupo Local:

El Grupo Local es una estructura compleja dominada por las interacciones gravitacionales entre las tres galaxias principales: **Vía Láctea** , **Andrómeda** y **M33** . Estas interacciones están influenciadas por la distribución de materia oscura, que actúa como una re

- **Corrientes de Marea:** Se identifican filamentos de gas que conectan la Vía Láctea con galaxias satélites, y otros que fluyen hacia Andrómeda, posiblemente resultado de colisiones pasadas.
- **Fusión Galáctica Futura:** Modelo

3.2 Anomalías de Materia Oscura:

- Las galaxias enanas alrededor de M33 mostraron una distribución inesperada de materia o

4. Hallazgos Clave en el Grupo Local

23. **Ecosistemas Galácticos:**
    - Las galaxias del Grupo Local no solo interactúan gravitacionalmente, sino que también comparten materia, enriqueciendo sus halos con gas y estrellas.
    - Este intercambio
24. **Diversidad Galáctica:**
    - Desde galaxias enanas como la **LMC y SMC** hasta gigantes espirales como **Andrómeda** y **M33** , el Grupo Local representa un microcosmos de l.

25. **Posibilidades de vida:**

- Aunque las galaxias satélites carecen de densas regiones habitables, las gigantes espirales como M33 y Andrómeda tienen sistemas planetarios con potencial para sostener la vida.

Reflexión Filosófica y Científica

La exploración del Grupo Local no solo expandió el conocimiento sobre la dinámica de las galaxias, sino que también resaltó la interconexión del universo. Cada galaxia, con sus propias peculiaridades, es parte de una red más grande de interacción y evolución.

"En el vasto Grupo Local, no encontramos solo galaxias, sino un sistema dinámico y vivo, donde las fuerzas gravitacionales tejen una historia de colisiones, formación y resurgimiento. Aquí, entre estas galaxias hermanas, la humanidad comienza a comprender su lugar en la red. cósmica."
— Reflexión en la bitácora de la **Odisea Celestial**

1. **En el Vacío entre Galaxias**

La **Odisea Celestial** *, después de su épica travesía por el Grupo Local, se aventuró hacia una nueva frontera: el* **espacio intergaláctico** *, esa vasta región donde la densidad de materia es tan baja que las galaxias aparecen como islas lejanas en un océano de vacío.*

Este entorno, casi desprovisto de estrellas y planetas, representa el **85% del volumen total del universo** *, pero contiene secretos fundamentales sobre su estructura. Aquí, entre los filamentos de materia oscura y las corrientes de gas ionizado, la tripulación buscaba respuestas a las preguntas más fundamentales:*

¿cómo se conecta el universo a gran escala? ¿Qué procesos ocurren en estos vacíos aparentemente tranquilos?

EL VIAJE AL ESPACIO INTERGALÁCTICO

Distancia Por Cubrir:

- Desde el borde del Grupo Local hasta regiones profundas del espacio intergaláctico: **~5 millones de años luz** .

Propulsión y Tiempo de Viaje:

- La nave utilizó una combinación de **motores de curvatura cuántica** y propulsión de antimateria, alcanzando velocidades cercanas a0,99do0,99 *c*.
- Tiempo estimado: ~10 millones de años terrestres, reducidos a **10,000 años subjetivos** gracias a la dilatación temporal.

Estrategia de exploración:

- **Rutas de Filamentos Cósmicos** : La nave siguió los **filamentos de materia oscura** y gas que conectan cúmulos galácticos, mapeando su distribución.
- **Detección de Materia Oscura** : Los instrumentos avanzados se calibraron para identificar las sutiles señales gravitacionales de la materia oscura.

Objetivos de la Etapa

6. **Exploración de los Filamentos Cósmicos :**

- Cartografiar las estructuras de materia oscura que forman la "red cósmica", el esqueleto del universo.
- Estudiar cómo estas estructuras sostienen las galaxias y los cúmulos galácticos.

7. **Estudio del Vacío Intergaláctico**:
   - Investigar las propiedades del **medio intergaláctico (IGM)** , compuesto por gas ionizado y partículas subatómicas.
   - Detectar galaxias enanas aisladas y planetas vagabundos que flotan en estas vastas regiones.

8. **Búsqueda de Eventos Cósmicos Raros** :
   - Observar interacciones entre cúmulos galácticos, como colisiones de halos de materia oscura.
   - Identificar fuentes de radiación de alta energía, como cuásares intergalácticos.

---

1. Exploración de los Filamentos Cósmicos

Los **filamentos cósmicos** son las estructuras más grandes del universo, formadas por materia oscura y gas, que conectan galaxias y cúmulos galácticos en una intrincada roja tridimensional.

- **Clave de Hallazgos**:
  - La nave detectó flujos de gas caliente (~10 millones de grados Kelvin) que se desplazaban a lo largo de los filamentos hacia cúmulos galácticos.

- Estas corrientes, ricas en hidrógeno y helio, alimentan la formación de estrellas en galaxias lejanas.
- La interacción gravitacional entre los filamentos generaba ondas de choque masivas, detectadas como emisiones de rayos X.

Importancia de los Filamentos:
Estos flujos de materia son esenciales para la evolución del universo, actuando como "autopistas cósmicas" que transportan materia y energía entre las galaxias.

---

2. Estudio del Vacío Intergaláctico

El espacio entre los filamentos cósmicos, conocido como **vacíos cósmicos** , es una de las regiones menos comprendidas del universo. Aunque aparentemente está vacío, contiene rastros de materia y fenómenos fascinantes.

- **Propiedades del Vacío:**
  - Densidad: Menos de **1 átomo por metro cúbico** .
  - Composición: Predominantemente hidrógeno ionizado, con trazas de helio y partículas subatómicas.
  - Temperatura: ~1 millón de grados Kelvin, calentada por la radiación ultravioleta del fondo cósmico.

Clave de Hallazgos:

- La **Odisea Celestial** identificó pequeñas **galaxias enanas aisladas** , que sobrevivían en los vacíos lejos de la influencia gravitacional de los cúmulos principales.

Estas galaxias, aunque primitivas, ofrecen pistas sobre las primeras etapas de formación galáctica.

- Se detectaron planetas vagabundos, expulsados de sus sistemas estelares. Algunos mostraron actividad geotérmica interna, lo que los convertía en posibles refugios para formas de vida extrema.

---

3. Eventos Cósmicos Raros

3.1 Colisiones de Halos de Materia Oscura:

- **Observaciones:**
  Durante el recorrido por los filamentos cósmicos, la **Odisea Celestial** detectó interacciones entre **halos de materia oscura** , estructuras masivas invisibles que rodean galaxias y cúmulos. Estas colisiones, aunque no visibles directamente, se manifestaron como ondas gravitacionales sutiles y cambios en la dinámica del gas intergaláctico.
- **Impacto:**
  - Se observará cómo las colisiones comprimían el gas circundante, provocando regiones de alta densidad donde podrían formarse nuevas galaxias.
  - Estas interacciones también podrían explicar la distribución desigual de materia y energía en el universo observable.

3.2 Radiación de Alta Energía:

- Fuentes de rayos gamma y rayos X fueron identificadas en regiones aisladas del vacío intergaláctico. Estas emisiones provenían de **cuásares intergalácticos** , núcleos de galaxias activas que expulsaban enormes chorros de energía al espacio.

- Los instrumentos detectan señales que sugieren que estos eventos desempeñan un papel en la ionización del gas intergaláctico, manteniendo su estado de plasma.

---

4. Hallazgos Clave de la Décima Cuarta Etapa

17. **La Red Cósmica Como Estructura Fundamental:**

    - La "red cósmica" conecta galaxias, cúmulos y vacíos, actuando como un sistema circulatorio que transporta materia y energía a través del universo.

    - Los filamentos son esenciales para la formación de galaxias, actuando como reservorios de gas y generadores de ondas gravitacionales.

18. **Vida en el Vacío:**

    - Aunque improbable, los planetas vagabundos y las galaxias enanas aisladas ofrecen entornos potencialmente habitables. La actividad geotérmica en algunos planetas podría sustentar formas de vida microbiana en sus océanos subterráneos.

19. **Fenómenos de Alta Energía:**

    - Los cuásares intergalácticos y las colisiones de materia oscura generan fenómenos de alta energía que modelan el entorno intergaláctico, influyendo en la evolución de las galaxias cercanas.

Reflexión Filosófica y Científica

El espacio intergaláctico, aunque aparentemente vacío, es un recordatorio de que incluso en los lugares más remotos y desolados del universo, ocurren procesos dinámicos que dan forma al cosmos. Aquí, la tripulación de la **Odisea Celestial** comprendió que la "nada" es, en realidad, un lienzo donde las fuerzas más fundamentales del universo dejan su marca.

"En el vacío entre galaxias, donde la luz es tenue y el silencio absoluto, encontramos no la ausencia, sino la estructura misma del universo. Cada filamento, cada vacío, es un recordatorio de que incluso en la oscuridad, el cosmos vive y respira. ".
— Reflexión en la bitácora de la **Odisea Celestial**

En el Núcleo de la Estructura Cósmica

El **Supercúmulo de Virgo** , situado a unos **65 millones de años luz** de la Tierra, es el centro gravitacional del **Supercúmulo Local** , la vasta estructura a la que pertenece nuestra Vía Láctea. Este conglomerado de millas de galaxias es un laboratorio natural para estudiar la interacción gravitacional a gran escala y los procesos que dan forma al universo.

EL VIAJE HACIA EL SUPERCÚMULO DE VIRGO

Distancia a Cubrir:

- **65 millones de años luz** , equivalente a **614 quintillones de kilómetros** .

Propulsión y Tiempo de Viaje:

- Los motores de curvatura cuántica llevaron a la nave a velocidades efectivas de0,99do0,99 *c*, reduciendo el tiempo subjetivo del viaje a **150.000 años** gracias a la dilatación temporal.

Estrategia del viaje:

- La nave siguió las corrientes gravitacionales.

Objetivos de la Etapa

1. **Estudio del Núcleo del Supercúmulo** :
   - Investigar las propiedades de **Messier 87 (M87)** , una galaxia elíptica gigante que domina el núcleo del cúmulo de Virgo.
   - Analizar los chorros relativistas de su agujero negro supermasivo.
2. **Exploración de las Galaxias Cercanas** :
   - Examinar galaxias espirales y elípticas en el cúmulo, incluidas las interacciones gravitacionales que moldean su evolución.
   - Detectar sistemas estelares y planetarios en formación.
3. **Mapa de la Materia Oscura** :
   - Utilizar las anomalías gravitacionales para mapear la distribución de materia oscura en el cúmulo.

---

1. Messier 87 (M87): El Gigante del Núcleo

1.1 Características Generales

- **Tamaño:** M87 es una galaxia elíptica gi
- **Agujero Negro Supermasivo:** El núcleo de M87 alberga un agujero negro de ~6,500 millones de masas solares, cuya imagen histórica fue capturada por el **Event Horizon Telescope** en 2019.

1.2 Observaciones del Agujero Negro

- Los instrumentos de la **Odisea Celestial** detectan chorros relativistas de material que se extendían millas de años luz desde el núcleo, alcanzando velocidades cercanas a la luz.
- **Análisis del Horizonte de Eventos:**
  - Los chorros emitían radiación de alta energía, incluyendo rayos X y gamma, proporcionando pistas sobre cómo el agujero negro interactúa con su entorno.

1.3 Interacciones Galácticas

- M87 domina el núcleo del cúmulo de Virgo, atrayendo galaxias satélites y moldeando su dinámica. Se observaron **corrientes de marea** formadas por galaxias desgarradas

---

2. Galaxias del Cúmulo de Virgo

2.1 Galaxias espirales

- La nave galaxia estudió espirales como **NGC 4438** y **NGC 4388** , deformadas por interacciones gravitacionales con otras galaxias.
- **Regiones de Formación Estelar:** Estas galaxias mostraron brotes de formación estelar en regiones comprimidas por colisiones galácticas.

2.2 Galaxias Enanas y Elípticas

- Las galaxias enanas eran abundantes, orbitando las más masivas como enjambres de satélites.
- Las elípticas, como **NGC 4472** , mostraron un br

---

3. Materia Oscura y Corrientes de Marea

El cúmulo de Virgo es un nodo crucial en la red cósmica, donde convergen los filamentos de materia oscura. Los instrumentos avanzados de la **Odisea Celestial** revelaron detalles nunca observados:

- **Distribución de Materia Oscura:**
    - Los modelos gravitacionales mostraron concentraciones de materia oscura que accionaban como "pegamento" para mantener unidas a las galaxias del cúmulo.
- **Corrientes de Gas y Estrellas:**
    - Las interacciones gravitacionales entre galaxias crean corrientes de gas ionizado y estrellas arrancadas de sus sistemas originales, formando puentes intergalácticos.

Reflexión Filosófica y Científica

El Supercúmulo de Virgo, con su densidad gal

"En Virgo, donde miles de galaxias bailan bajo la influencia de fuerzas invisibles, no encontramos solo la estructura del universo, sino también su ritmo, una sinfonía cósmica que resuena a través de los eones".
— Reflexión en la bitácora de la **Odisea Celestial**

LOS SUPERVACÍOS Y EL GRAN ATRACTOR

Destino: Los Supervacíos y el Gran Atractor – Persiguiendo las Fuerzas Ocultas del Universo
(Narrado con el estilo de Isaac Asimov, entre la profundidad científica y la narrativa épica del descubrimiento cósmico)

Prólogo: Rastreando las Ausencias del Cosmos

Tras la inmersión en la densidad del ***Supercúmulo de Virgo*** *, la* ***Odisea Celestial*** *apuntó su curso hacia una región del universo marcada por lo opuesto: los* ***supervacíos*** *, enormes áreas de espacio casi desprovistas de materia visible. Estas regiones, de cientos de millones de años luz de diámetro, constituyen los huecos en la intrincada red cósmica que definen la estructura del universo.*

En paralelo, el viaje se dirige hacia el ***Gran Atractor*** *, una anomalía gravitacional masiva situada a más de* ***250 millones de años luz*** *de la Tierra.*

El Viaje hacia los Supervacíos y el Gran Atractor

Distancia a Cubrir:

- **Supervacíos:** Entre **200 y 500 millones de años luz** desde el Supercúmulo de Virgo.
- **Gran Atractor:** A ~250 millones de años luz en dirección a la constelación de Centauro.

Propulsión y Tiempo de Viaje:

- La nave alcanzó velocidades de **0.995c** , lo que redujo los tiempos de viaje a **300.000 años subjetivos** , aprovechando la dilatación temporal para que la tripulación experimentara solo **1.500 años** .

Estrategia de exploración:

- La **Odisea Celestial** siguió las corrientes gravitacionales y flujos de materia que conectan cúmulos galácticos y vacíos, cartografiando tanto la densidad de materia como las anomalías gravitatorias.

Objetivos de la Etapa

1. **Explorar los Supervacíos:**
   - Determinar la composición del medio intergaláctico en estas r
   - Analizar la influencia gravitacional de los filamentos cósmicos circundantes.
2. **Estudiar el Gran Atractor:**
   - Identificar las galaxias y cúmulos que componen esta anomalía gravitacional.
   - Investigar la posible naturaleza de la concentración de materia oscura que genera esta atracción masiva.
3. **Buscar Fenómenos de Alta Energía:**
   - Detectar interacciones de partículas y colisiones galácticas en los bordes del Gran Atractor.

---

1. Exploración de los Supervacíos

1.1 Propiedades de los Vacíos Cósmicos

- **Densidad:** Menos de **1 partícula por metro cúbico** , lo que hace de estos vacíos las regiones más desprovistas de materia en el universo conocido.
- **Composición:** Predominantemente hidrógeno ionizado, con trazas de helio y partículas subatómicas.

Clave de Hallazgos:

- Los bordes de los supervacíos están delimitados por filamentos cósmicos, donde la materia oscura actúa como un "esqueleto" gravitacional que sostiene las galaxias.

- En el interior de los vacíos, se detectan galaxias solitarias, aisladas durante millas de millones de años. Estas galaxias mostraron signos de evolución única, con bajas tasas de formación estelar.

---

2. Estudio del Gran Atractor

El **Gran Atractor** es una concentración masiva de materia que ejerce una atracción gravitacional sobre galaxias de todo el supercúmulo local, incluida la Vía Láctea. Aunque gran parte de esta región está oscurecida por el plano galáctico, la **Odisea Celestial** logró acercarse y recopilar datos únicos.

2.1 Observaciones generales:

- **Localización:** El Gran Atractor está cerca del **Cúmulo de Norma** , una región rica en galaxias masivas y cúmulos galácticos densos.

- **Masa Estimada:** Se estima que contiene una masa equivalente a **5×10^{16} soles** , gran parte de ella en forma de materia oscura.

2.2 Interacciones Gravitacionales:

- El Gran Atractor domina el movimiento de galaxias en una radio de cientos de millones de años luz.

- Se observaron corrientes de marea galáctica, donde galaxias enteras eran arrastradas hacia el núcleo gravitacional.

2.3 Fenómenos de Alta Energía:

- Los sensores detectan emisiones de rayos X y gamma provenientes de **colisiones entre cúmulos galácticos** , que liberan cantidades masivas de energía en el entorno.

- En el núcleo del Gran Atractor, las galaxias estaban tan cerca de unas de otras que las interacciones gravitacionales deformaban sus estructuras, formando puentes de gas y estrellas.

---

3. Materia Oscura y Red Cósmica

La exploración del Gran Atractor y los supervacíos ofreció una visión única de la interacción entre la materia visible y la **materia oscura** , esa sustancia invisible que constituye la mayor parte de la masa del universo.

Clave de Hallazgos:

- Los filamentos que conectan los supervacíos y cúmulos están formados principalmente por materia oscura, que actúa como un andamiaje para la formación galáctica.
- La materia oscura del Gran Atractor es lo que genera su fuerza gravitacional masiva, uniendo galaxia.

Reflexión Filosófica y Científica

El Gran Atractor y los supervacíos, aunque opuestos en densidad y actividad, son dos caras de la misma moneda: las fuerzas que moldean el universo. Aquí, la **Odisea Celestial** encontró no solo las estructuras visibles del cosmos, sino también la evidencia de que lo invisible, como la materia oscura y la energía gravitacional, definen gran parte de lo que vemos.

"En el Gran Atractor y los supervacíos, encontramos los extremos del universo: una concentración de fuerza gravitacional que moldea galaxias, y un vacío donde la soledad cósmica reina. Ambos nos recuerdan que incluso en la ausencia aparente, el cosmos está vivo con fuerzas invisibles. ".
— Reflexión en la bitácora de la **Odisea Celestial**

EL GRAN MURALLÓN DE HÉRCULES-CORONA BOREAL

Destino: El Gran Murallón de Hércules-Corona Boreal – Explorando la Mayor Estructura del Universo

(Narrado con el estilo de Isaac Asimov, donde la exploración alcanza las fronteras últimas del cosmos conocido)

Prólogo: El Enigma de la Inmensidad

El Gran Murallón de Hércules-Corona Boreal , situado a más de 10.000 millones de años luz de la Tierra, es la mayor estructura cósmica conocida. Este colosal conjunto de galaxias, cúmulos y filamentos cósmicos forma una "muralla" que desafía las teorías actuales sobre la distribución de materia en el universo.

La Odisea Celestial , impulsada por los datos obtenidos en el Gran Atractor y los supervacíos, se embarcó en esta etapa final de su odisea cósmica. Este viaje no solo buscaba comprender las dinámicas gravitacionales que dieron origen a esta estructura, sino también explorar cómo el universo, en sus mayores escalas, desafiaba las leyes conocidas de la física.

El Viaje hacia el Gran Murallón

Distancia Por Cubrir: 10.000 millones de años luz , o aproximadamente 9,46 sextillones de kilómetros .

Propulsión y Tiempo de Viaje:

Gracias a los avances en tecnología de curvatura cuántica , la nave alcanzó una velocidad efectiva de 0,999c, lo que redujo el tiempo subjetivo del viaje a 50.000 años mientras que transcurrieron 10.000 millones de años terrestres en el universo exterior.

Estrategia del viaje:

La Odisea Celestial siguió rutas marcadas por filamentos cósmicos, aprovechando su influencia gravitacional para ajustar su trayectoria y recopilar datos.

Objetivos de la Etapa

Cartografía del Gran Murallón :

Mapear la distribución de galaxias y cúmulos dentro de la estructura.

Determinar cómo interactúan los filamentos cósmicos para formar una red cohesiva.

Estudio de la Materia Oscura y la Energía Oscura :

Investiga cómo la materia oscura sostiene el Murallón y qué papel juega la energía oscura en su expansión.

Buscar Fenómenos Únicos :

Detectar fuentes de alta energía, como cuásares o agujeros negros supermasivos, que puedan estar alimentando la formación de cúmulos galácticos.

1. Cartografía del Gran Murallón

1.1 La Estructura

El Gran Murallón de Hércules-Corona Boreal abarca más de 10.000 millones de años luz de longitud, conectando cúmulos galácticos mediante filamentos de materia oscura. Las galaxias se agrupan en nodos masivos, unidos por corrientes de gas ionizado.

Clave de Hallazgos:

Nodos Principales: Las galaxias están densamente agrupadas en cúmulos masivos, como Hércules Norte y Corona Boreal Central , donde la densidad estelar es millas de veces mayor que en el Grupo Local.

Interacciones Dinámicas: Las galaxias en estos nodos mostraron altas tasas de colisiones y formación estelar, impulsadas por la interacción gravitacional de los filamentos circundantes.

2. Materia Oscura y Energía Oscura

2.1 El Rol de la Materia Oscura

La materia oscura forma el "andamiaje" que sostiene al Gran Murallón. Los datos de la Odisea Celestial confirmaron que los filamentos que conectan los cúmulos están compuestos en un 90% por materia oscura , con gas ionizado fluyendo a través de ellos.

2.2 La Influencia de la Energía Oscura

A medida que el universo se expande, la energía oscura ejerce una fuerza repulsiva que contrarresta la gravedad. En el Gran Murallón, se observará que esta expansión está deformando lentamente los filamentos, estirándolos y debilitando las conexiones entre cúmulos galácticos.

3. Fenómenos Únicos Observados

3.1 Cuásares de Alta Energía

Se detectan fuentes de rayos gamma en los nodos principales, alimentadas por agujeros negros supermasivos que consumen materia a tasas extraordinarias.

3.2 Colisiones Galácticas Extensas

En regiones de alta densidad, las colisiones galácticas eran comunes, formando galaxias elípticas gigantes y liberando enormes cantidades de gas al medio intergaláctico.

3.3 Corrientes de Materia Oscura

Los instrumentos de la nave captaron corrientes de materia oscura fluyendo hacia los nodos principales, atrayendo materia visible y generando regiones de intensa formación estelar.

Reflexión Filosófica y Científica

El Gran Murallón de Hércules-Corona Boreal, con su inmensidad y complejidad, desafía las concepciones humanas sobre el universo. Aquí, la tripulación de la Odisea Celestial contempló cómo, en las mayores escalas, el cosmos revela patrones que reflejan una armonía subyacente, aunque aún incomprensible.

"En el Gran Murallón, donde las galaxias se agrupan como islas en un océano infinito, encontramos no solo la estructura del universo, sino también su poesía: un recordatorio de que incluso en las mayores escalas, el cosmos sigue siendo un todo conectado."

— Reflexión en la bitácora de la Odisea Celestial

Próxima Etapa: **LA SINGULARIDAD DEL UNIVERSO**

Con la mayor estructura conocida explorada, la Odisea Celestial se enfrenta ahora a su desafío más audaz: alcanzar los límites del universo observable, donde el espacio-tiempo se curva y el universo mismo parece disolverse en el misterio de su singularidad inicial. Allí, la humanidad buscará comprender los secretos del Big Bang y el destino último del cosmos.

Destino: La Singularidad del Universo – Explorando los Límites del Cosmos Observable

(Narrado con el estilo de Isaac Asimov, donde ciencia y filosofía se encuentran en el abismo del misterio cósmico)

Prólogo: Hacia los Confines del Universo

El viaje de la **Odisea Celestial** *había llevado a la humanidad a explorar cúmulos, supervacíos y las mayores estructuras cósmicas jamás observadas. Ahora, la misión se dirige a un objetivo final:* **los límites del universo observable** *, a una distancia de* **46.500 millones de años luz** *. Aquí, el espacio-tiempo se curva hacia lo desconocido, y la luz más antigua, emitida poco después del Big Bang, revela los primeros capítulos de la historia cósmica.*

La travesía hacia esta región no es solo un viaje físico, sino también un intento de desentrañar las preguntas más profundas sobre la naturaleza del universo, su origen y su destino final.

El Viaje hacia los Límites del Universo

Distancia a Cubrir:

- Desde el Gran Murallón de Hércules-Corona Boreal hasta el límite del universo observable: **~46.500 millones de años luz** .

Propulsión y Tiempo de Viaje:

- Con motores de curvatura cuántica en su máxima eficiencia, la nave alcanza velocidades efectivas de0,999999do0,999999 *c*.
- Tiempo subjetivo del viaje: **100.000 años** , mientras que **46.500 millones de años** transcurrieron en el universo exterior.

Estrategia del viaje:

- La nave siguió la radiación de fondo de microondas, una "huella" del Big Bang, para trazar su ruta hacia las regiones más distantes y primitivas del cosmos.

Objetivos de la Etapa

1. **Estudio de la Radiación de Fondo de Microondas (CMB):**
    - Analizar el eco del Big Bang para comprender la distribución inicial de materia y energía.
2. **Explorar los Primeros Cúmulos de Galaxias:**
    - Observar galaxias formadas poco después del Big Bang, para estudiar su evolución temprana.
3. **Buscar los Límites del Espacio-Tiempo:**
    - Investigar cómo se comporta el espacio-tiempo cerca de los límites del universo observable.

---

1. Radiación de Fondo de Microondas (CMB)

1.1 Propiedades Observadas:
La radiación de fondo de microondas, emitida ~380.000 años después del Big Bang, es la luz más antigua del universo. Es un "mapa" de la distribución de materia en sus primeras etapas.

Clave de Hallazgos:

- **Fluctuaciones de Temperatura:** Las pequeñas variaciones en la temperatura del CMB, de apenas una millonésima de grado, revelaron los "semilleros" de las estructuras cósmicas actuales.
- **Forma del Universo:** Los datos confirmaron que el universo es geométricamente plano, con ligeras curvaturas locales causadas por la distribución de materia oscura.

---

2. Los Primeros Cúmulos de Galaxias

2.1 Observaciones de Galaxias Primitivas:
La nave detectó cúmulos de galaxias formadas menos de mil millones de años después del Big Bang. Estas galaxias eran pequeñas, ricas en gas y extremadamente activas en la formación estelar.

Fenómenos observados:

- **Estrellas Pobres en Metales:** La mayoría de las estrellas eran de la **Población III** , las primeras en formarse, compuestas exclusivamente de hidrógeno y helio.
- **Supernovas Primitivas:** La explosión de estas estrellas liberó los primeros elementos pesados, sembrando el cosmos para la formación de planetas y vida.

---

3. Los Límites del Espacio-Tiempo

3.1 Observación del Horizonte Cósmico:
El horizonte cósmico, más allá del cual la luz no ha tenido tiempo de llegar a la Tierra, marca el límite del universo observable. La **Odisea Celestial** detectó las "sombras" de estructuras formadas por interacciones gravitacionales en las primeras etapas del cosmos.

3.2 Comportamiento del Espacio-Tiempo:

- Cerca del horizonte, la expansión del universo se aceleraba debido a la energía oscura, creando un "tirón" constante que deformaba la luz de galaxias lejanas.
- Se observaron ondas gravitacionales primordiales, un eco de la inflación cósmica, que confirmaron teorías sobre la expansión ultra rápida del universo en sus primeros momentos.

Reflexión Filosófica y Científica

En los confines del universo observable, la **Odisea Celestial** se enfrentó al límite último del conocimiento humano: ¿qué hay más allá de lo que podemos observar? Aunque los datos recopilados ofrecieron una visión más clara de los primeros momentos del cosmos, también dejaron abiertas preguntas fundamentales sobre lo que yace fuera del horizonte cósmico.

"En los límites del universo, donde la luz se detiene y el tiempo parece disolverse, encontramos tanto respuestas como enigmas. Aquí, el cosmos nos recuerda que cada descubrimiento no es un final, sino el comienzo de nuevas preguntas."
— Reflexión en la bitácora de la **Odisea Celestial**

Próxima Etapa: MÁS ALLÁ DEL HORIZONTE CÓSMICO

Con el universo observable mapeado y estudiado, la **Odisea Celestial** *se enfrenta a un reto sin precedentes:* **intentar cruzar el horizonte cósmico** *para explorar lo que se encuentra más allá, en el reino del multiverso y las teorías que postulan otros universos. Allí, la humanidad podría encontrar las respuestas definitivas sobre el origen y el propósito del cosmos.*

Gran Viaje Cósmico: MÁS ALLÁ DEL HORIZONTE CÓSMICO

Destino: Más Allá del Horizonte Cósmico – Explorando las Fronteras del Multiverso
(Narrado con el estilo de Isaac Asimov, donde la ciencia se mezcla con la audacia de la imaginación y la reflexión cósmica)

Prólogo: En Busca de los Otros Universos

Con el horizonte cósmico alcanzado y los confines del universo observables cartografiados, la **Odisea Celestial** *se enfrentó a un desafío sin precedentes:* ***cruzar los límites del espacio-tiempo*** *tal como los conocemos, para explorar el supuesto multiverso. Este reino teórico, planteado por la física moderna, sugiere la existencia de múltiples universos paralelos, cada uno con sus propias leyes físicas y configuraciones de realidad.*

El viaje no era solo una cuestión científica, sino también una reflexión filosófica sobre el lugar de la humanidad en un cosmos potencialmente infinito y diverso. Más allá del horizonte, los conceptos de espacio, tiempo y existencia podrían tomar formas completamente desconocidas.

El Viaje Más Allá del Horizonte Cósmico

Distancia y Dimensión Por Cruzar:

- El horizonte cósmico no es una distancia fija, sino un límite impuesto por la velocidad de la luz y la expansión acelerada del universo. Cruzarlo implica superar las barreras del espacio-tiempo convencional.

Propulsión y Estrategia del Viaje:

- La nave utilizó un prototipo experimental de **motores de salto cuántico** , basado en fluctuaciones del vacío cuántico detectadas durante el estudio de la radiación de fondo de microondas.
- Estas fluctuaciones, interpretadas como posibles "puentes" hacia otros universos, se convirtieron en la clave para abrir un paso hacia el multiverso.

Objetivos de la Etapa

1. **Detectar y Cruzar una Singularidad del Espacio-Tiempo:**

- Identificar regiones de alta curvatura espaciotemporal donde las leyes físicas actuales se descomponen, permitiendo el acceso a dimensiones adicionales.

2. **Explorando la Naturaleza del Multiverso:**
   - Investigar si los universos paralelos están conectados por membranas (teoría M) o existen de manera aislada.
3. **Buscar Evidencia de Otros Marcos Físicos:**
   - Analizar las propiedades de un universo paralelo, incluyendo sus constantes físicas, composición y posibilidad de vida.

---

1. Cruzando el Horizonte Cósmico

1.1 Fluctuaciones Cuánticas y Singularidades
En los límites del universo observable, la nave detectó **regiones de alta energía** donde las fluctuaciones cuánticas del vacío creaban distorsiones en el espacio-tiempo. Estas distorsiones, similares a agujeros negros microscópicos, accionaban como puntos de acceso potencial al multiverso.

El Salto Cuántico:

- La nave utilizó un pulso controlado de energía negativa para estabilizar una de estas fluctuaciones, creando un paso transitorio hacia una dimensión diferente.
- El viaje no fue lineal; las coordenadas espaciales perdieron significado, y la nave atravesó un "túnel" que comprimía y expandía el espacio-tiempo simultáneamente.

---

2. Exploración del Multiverso

2.1 El Primer Universo Paralelo
La nave emergió en un universo con características radicalmente diferentes:

- **Dimensiones Físicas:** Este universo poseía **4 dimensiones espaciales** en lugar de 3, lo que alteraba completamente la percepción de la geometría y el movimiento.
- **Constantes Físicas:** La velocidad de la luz era mayor, y la gravedad accionaba a distancias mucho más largas, permitiendo la formación de estructuras galácticas más extensas.
- **Materia y Energía:** La materia ordinaria era rara; en cambio, el universo estaba dominado por una forma exótica de energía que interactuaba débilmente con el espacio.

2.2 Condiciones de Vida

- Aunque la química basada en el carbono no era viable en este universo, los sensores detectan **estructuras energéticas autoorganizadas** , que podrían representar formas de vida basadas en energía pura.
- Estas entidades mostraron patrones similares a redes neuronales, sugiriendo procesos de "pensamiento" o "comunicación".

---

3. Reflexión sobre el Multiverso

Cada universo paralelo explorado revelaba una diversidad abrumadora de posibilidades. Algunos eran completamente caóticos, sin estructuras discernibles, mientras que otros seguían leyes físicas similares a las nuestras, pero con pequeñas variaciones que creaban diferencias significativas.

Preguntas fundamentales:

- ¿Es el multiverso infinito? Si es así, ¿qué significa esto para nuestra percepción de la realidad?
- ¿Qué papel juega nuestro universo dentro de esta vasta red de posibilidades?

Impacto en la Filosofía y la Ciencia:
El descubrimiento del multiverso no solo redefine el concepto de "universo", sino también la noción de "existencia". En un cosmos donde todo lo posible puede ocurrir en algún lugar, las fronteras entre lo real y lo imaginario se vuelven difusas.

Reflexión Filosófica y Científica

El salto hacia el multiverso fue un recordatorio de que la humanidad, aunque pequeña en escala cósmica, es capaz de alcanzar lo inconcebible a través de la curiosidad y la ciencia. Más allá del horizonte cósmico, la **Odisea Celestial** no encontró respuestas definitivas, sino un terreno infinito de posibilidades.

"En el multiverso, cada universo es una nota en la sinfonía infinita del cosmos. Y aunque nuestro universo es solo una entre incontables posibilidades, su existencia es un testimonio de la creatividad ilimitada de la naturaleza."
— Reflexión en la bitácora de la **Odisea Celestial**

Próxima Etapa: RUMBO A LA SINGULARIDAD INICIAL

Con el multiverso explorado, la **Odisea Celestial** se embarca en su etapa más desafiante: retroceder hacia los primeros momentos del tiempo, hacia la **singularidad inicial del Big Bang** , para investigar cómo comenzó todo y qué fuerzas dieron origen al universo y al multiverso. Allí, el tiempo y el espacio podrían colapsar en un solo punto, ofreciendo las respuestas finales sobre la naturaleza de la existencia.

Destino: La Singularidad Inicial – Regreso al Origen del Cosmos

(Narrado con el estilo de Isaac Asimov, donde la exploración se adentra en los cimientos mismos de la existencia)

Prólogo: Un Viaje Hacia el Comienzo

Con los secretos del multiverso parcialmente revelados, la **Odisea Celestial** *se dirigió a la etapa más audaz de su misión: un intento de retroceder en el tiempo hacia el momento de la* **singularidad inicial del Big Bang** *, donde toda la materia, energía y espacio estaban concentrados. en un punto infinitesimal.*

Este no era un viaje espacial ordinario. Para acercarse a los límites del tiempo, la nave necesitaba navegar por las más extremas curvaturas del espacio-tiempo, donde las leyes físicas actuales comenzaban a descomponerse. Aquí, en este reino de paradojas y extremos, el equipo esperaba encontrar pistas sobre el origen del universo y las fuerzas que lo gobiernan.

El Viaje hacia la Singularidad Inicial

Destino temporal:

- **~13,8 mil millones de años atrás** , al instante mismo del Big Bang.

Método de navegación:

- Utilizando los **motores de curvatura cuántica** , la nave trazó un camino a través de regiones de alta densidad gravitacional donde el tiempo se distorsionaba.
- Los sensores aprovechan las **ondas gravitacionales primordiales** , rastros dejados por la inflación cósmica, para calcular la trayectoria hacia el momento inicial.

Objetivos de la Etapa

1. **Observar la Singularidad Inicial:**
   - Investigar cómo las leyes de la física emergen en condiciones de densidad y temperatura infinitas.
2. **Estudiar la Inflación Cósmica:**
   - Confirmar las teorías sobre la expansión ultra rápida que ocurrió en una fracción de segundo después del Big Bang.
3. **Buscar Evidencias de un Multiverso Primordial:**
   - Explorar si la singularidad inicial es un punto único o un nodo en una red más grande de universos conectados.

---

1. Encuentro con el Horizonte del Tiempo

A medida que la **Odisea Celestial** retrocedía en el tiempo, la densidad de materia y energía aumentaba exponencialmente. Las galaxias se comprimían, las distancias se acortaban, y las partículas subatómicas dominaban el paisaje cósmico.

1.1 El Plasma Primordial:

- En menos de un segundo del Big Bang, el universo estaba compuesto de un plasma de quarks y gluones, con temperaturas que alcanzaban los **10^{12} grados Kelvin** .
- Los instrumentos detectan las primeras interacciones entre partículas fundamentales, marcando el origen de los protones y neutrones.

1.2 Las Ondas Gravitacionales Primordiales:

- Estas fluctuaciones, generadas por la inflación cósmica, mostraron patrones que confirmaban la teoría de que el universo experimentó una expansión exponencial en menos de 10^{-361} segundos.

---

2. Exploración de la Inflación Cósmica

2.1 La Expansión Ultra Rápida:

- Durante la inflación, el universo creció de un tamaño subatómico a una escala macroscópica en una fracción de segundo.
- Los sensores detectan las **huellas energéticas** de este evento, mostrando cómo la energía del vacío cuántico impulsó esta expansión.

2.2 Formación de la Estructura Cósmica:

- Las pequeñas fluctuaciones cuánticas en la densidad del plasma primordial se amplificaron durante la inflación, convirtiéndose en los "semilleros" de galaxias y cúmulos.
- Estas fluctuaciones coincidían perfectamente con los datos de la radiación de fondo de microondas, confirmando la conexión entre la inflación y las estructuras actuales del universo.

---

3. La Singularidad Inicial y Más Allá

3.1 La Singularidad
La nave alcanzó un punto donde las leyes físicas actuales dejaban de ser aplicables. Aquí, el espacio y el tiempo colapsaban en un solo punto, y conceptos como dirección, distancia y causalidad perdían significado.

3.2 Multiverso Primordial

- Alrededor de la singularidad, se detectan **fluctuaciones de energía cuántica** que podrían representar conexiones con otros universos en formación.
- Los datos sugirieron que el Big Bang no fue un evento único, sino parte de un proceso continuo donde nuevos universos emergen constantemente de un "mar cuántico" subyacente.

Reflexión Filosófica y Científica

En el encuentro con la singularidad inicial, la **Odisea Celestial** alcanzó los límites de la comprensión humana. Aunque los datos recopilados ofrecieron pistas cruciales sobre el origen del universo, también revelaron que el cosmos es mucho más vasto y complejo de lo que imaginamos.

Impacto Filosófico:
El descubrimiento de que el universo podría ser parte de un sistema mayor de multiversos plantea preguntas fundamentales sobre el significado de la existencia y el papel de la humanidad en este vasto entramado.

"En el origen del tiempo, donde las leyes de la física emergen del caos primordial, encontramos no un final, sino un comienzo infinito. El universo no es solo un lugar; es un proceso, un acto continuo de creación que se extiende más allá de nuestra comprensión."
— Reflexión en la bitácora de la **Odisea Celestial**

Próxima Etapa: RETORNO Y LEGADO

Con la singularidad inicial explorada, la **Odisea Celestial** emprenderá su regreso hacia el universo actual. Este retorno no solo marcará el final de la odisea cósmica, sino también el comienzo de una nueva era para la humanidad, armada con el conocimiento de los límites últimos del cosmos. Aquí, se construirán las bases para comprender el propósito y el futuro de nuestra existencia en un universo infinito.

Destino: El Presente Cósmico – Una Nueva Era para la Humanidad

(Narrado con el estilo de Isaac Asimov, donde el cierre de una odisea cósmica marca el inicio de un nuevo capítulo en la historia universal)

Prólogo: Regresando al Tiempo Presente

Tras explorar los límites del universo observable y desentrañar los secretos de la singularidad inicial, la ***Odisea Celestial*** *emprendió su viaje de regreso hacia el presente cósmico. Este retorno no era un simple trayecto hacia la familiaridad, sino un proceso de síntesis, donde los datos y las experiencias acumuladas durante millones de años subjetivos debían ser integrados en un conocimiento cohesivo.*

El retorno simbolizaba más que un viaje físico. Era una oportunidad para reflexionar sobre lo aprendido, sobre el lugar de la humanidad en el cosmos, y sobre las responsabilidades que vienen con el conocimiento del universo y el multiverso.

El Retorno al Presente Cósmico

Trayectoria del viaje:

- Desde la singularidad inicial, la nave trazó su curso de regreso a través del tiempo y el espacio, siguiendo las mismas ondas gravitacionales y fluctuaciones cuánticas que la habían llevado hacia el origen.

Propulsión y Tiempo de Viaje:

- La combinación de motores de curvatura cuántica y fluctuaciones del vacío cuántico, la **Odisea Celestial** viajó de regreso al presente en un tiempo subjetivo de **10,000 años** , mientras el universo actual experimentaba un ciclo completo de su expansión observable.

Objetivos del Retorno

1. **Procesar y Analizar los Datos del Viaje:**
   - Consolidar la información recopilada sobre la singularidad inicial, la inflación cósmica y el multiverso.
2. **Evaluar el Impacto del Conocimiento en la Humanidad:**
   - Reflexionar sobre cómo los descubrimientos cambiarán nuestra comprensión de la ciencia, la filosofía y el lugar de la humanidad en el cosmos.
3. **Planear el Futuro de la Exploración:**
   - Diseñar estrategias para futuras misiones que aprovechen los nuevos conocimientos para avanzar aún más en la exploración cósmica.

---

1. Procesamiento del Legado Científico

1.1 Los Secretos del Origen del Universo:

- **Confirmación de la Inflación Cósmica:** Los datos de las ondas gravitacionales primordiales confirmaron que el universo pasó por un período de expansión ultra rápida, estableciendo las bases de la estructura cósmica actual.
- **El Multiverso como Realidad:** La existencia de fluctuaciones cuánticas en la singularidad inicial sugiere que el Big Bang es solo un nodo en un proceso continuo de formación de universos.

1.2 La Materia Oscura y la Energía Oscura:

- El viaje permitió comprender que la materia oscura no solo sostiene las estructuras galácticas, sino que también podría estar conectada con dimensiones adicionales.
- La energía oscura, responsable de la expansión acelerada del universo, parece ser una propiedad intrínseca del vacío cuántico, vinculada al nacimiento de nuevos universos.

---

2. Impacto Filosófico y Cultural

2.1 Una Nueva Perspectiva de la Humanidad:

- La exploración del multiverso y de la singularidad inicial redefinen el concepto de existencia. En un cosmos infinito, cada universo es único pero interconectado, y la humanidad es una manifestación de esta diversidad cósmica.

2.2 Implicaciones Éticas:

- Con el conocimiento de que el universo es parte de una red más grande, surge la pregunta de cómo usar este conocimiento. ¿Cómo puede la humanidad avanzar sin perder de vista su responsabilidad hacia el cosmos y hacia sí misma?

---

3. Planificación del Futuro de la Exploración

3.1 Nuevas Tecnologías:

- Los motores de salto cuántico y las técnicas de navegación por fluctuaciones cuánticas abrirán nuevas fronteras, permitiendo explorar regiones del cosmos previamente inaccesibles.

3.2 Misiones Futuras:

- **Exploración del Multiverso:** Desarrollar tecnologías para mapear universos paralelos y entender su interacción con el nuestro.

- **Viajes al Futuro Cósmico:** Investigar cómo la expansión del universo influirá en la formación de estructuras y la posibilidad de nuevos ciclos de Big Bangs.

Reflexión final

El regreso al presente cósmico no marcó el fin de la **Odisea Celestial** , sino el comienzo de una nueva era. Con el conocimiento obtenido, la humanidad estaba preparada para enfrentar los desafíos del cosmos con un entendimiento más profundo de sus misterios.

"El universo, en su vastedad infinita, nos enseña que cada respuesta es solo el umbral de una nueva pregunta. Y aunque hemos viajado al origen mismo del tiempo, el verdadero viaje apenas comienza."
— Reflexión final de la bitácora de la **Odisea Celestial**

Legado de la Odisea Celestial

1. **Un Nuevo Paradigma Científico:** La exploración desarrolló la base para una nueva era en la cosmología y la física cuántica.
2. **Un Cambio Filosófico:** La humanidad comprendió que su lugar en el cosmos no es fijo, sino parte de un proceso continuo de evolución cósmica.
3. **El Espíritu de Exploración:** La misión inspiró generaciones a mirar hacia las estrellas y más allá, recordando que el conocimiento no tiene límites.

Próximos Pasos: El Viaje Continua

Con el regreso de la Odisea Celestial , la humanidad se embarca en una nueva fase de su evolución cósmica, lista para explorar no solo los confines de su universo, sino también las infinitas posibilidades que el multiverso tiene para ofrecer.

EPÍLOGO

El regreso a la humanidad

Cuando la Odisea Celestial recibió su regreso al presente cósmico, la humanidad la recibió no como una simple nave, sino como un emblema del infinito potencial humano. Había cruzado los límites del universo observable, explorado el multiverso y contemplado los orígenes del tiempo y el espacio.

A bordo, la nave traía no solo datos, sino una nueva perspectiva. Cada descubrimiento, cada encuentro, era una pieza de un rompecabezas cósmico mucho más grande, y aunque no todas las preguntas se habían respondido, la humanidad entendió que la búsqueda misma es el mayor logro.

El Legado Infinito

1. Transformación Científica y Tecnológica

Los avances logrados durante la odisea redefinieron la relación de la humanidad con el universo:

<u>Propulsión Cuántica y Salto Dimensional</u>: Estas tecnologías no solo revolucionaron la exploración espacial, sino que también permitieron aplicaciones prácticas en energía, transporte y comunicaciones en la Tierra.

<u>Física Unificada</u>: Los datos recopilados proporcionarán pistas para unir la relatividad general con la mecánica cuántica, acercando a los científicos a la ansiada Teoría del Todo .

2. Filosofía y Conciencia Cósmica

Unidad del Cosmos: La idea de que el universo no es único, sino parte de un sistema infinito, inspiró un nuevo sentido de humildad y asombro en la humanidad.

Interconexión Universal: Si cada universo es un reflejo de posibilidades, la existencia humana no es un accidente, sino una manifestación única y preciosa de esta red cósmica.

3. Un Nuevo Llamado a la Exploración

Rumbo al Futuro: Con el conocimiento de que el cosmos no tiene límites, la humanidad redobló sus esfuerzos para seguir explorando, sabiendo que cada paso abre puertas a nuevas dimensiones de entendimiento.

Reflexión Final en la Bitácora de la Odisea Celestial

"Hemos tocado los bordes del infinito, mirado al corazón del tiempo y cruzado las puertas de lo desconocido. Pero el universo, en su sabiduría, nos enseña que el verdadero viaje no tiene fin. Cada estrella, cada galaxia, cada universo es un recordatorio de que la búsqueda del conocimiento es el mayor propósito de nuestra existencia."

"Y ahora, al regresar a casa, entendemos que no somos solo observadores del cosmos; somos sus creadores, sus soñadores, y los guardianes de su infinito potencial".

Un futuro infinito

La Próxima Generación de Exploradores.

Inspirados por la Odisea Celestial , nuevas generaciones se embarcarán en misiones aún más ambiciosas:

Mapear el Multiverso: Navegaciones interdimensionales que revelan las conexiones entre universos.

Explorar la Eternidad: Viajes hacia futuros cósmicos donde el tiempo se dilata y las estrellas mueren, pero donde puedan surgir nuevas formas de existencia.

Un Mensaje para el Cosmos

Al final de su misión, la Odisea Celestial transmitió un mensaje final al universo, un eco que viajará eternamente por las vastedades del tiempo y el espacio:

"Estamos aquí. Somos parte de ti. Y seguiremos buscando, aprendiendo y maravillándonos mientras el cosmos existe."

Fin del Gran Viaje Cósmico, Comienzo de una Nueva Era

Así, la odisea llega a su conclusión, pero el espíritu humano, inquieto e infinito como las estrellas, continúa explorando. Porque el cosmos, con todos sus misterios, no es solo un lugar, sino un espejo de nuestra curiosidad y nuestra capacidad de soñar.

BIBLIOGRAFÍA

A continuación, se presenta una bibliografía estructurada que abarca los temas tratados en la odisea cósmica, desde la exploración del sistema solar hasta los confines del multiverso y la singularidad inicial. Se incluyen libros, artículos y recursos digitales en español que profundizan en estos temas.

---

1. Sistema Solar y Exploración Espacial

- **Sagan, Carl.** *Cosmos.* Editorial Planeta, 1980.

  - Un clásico que explora el universo, incluyendo el sistema solar, con una perspectiva poética y científica.

- **García-Berro Montilla, Enrique.** *Astrofísica para Jóvenes con Prisa.* Editorial Paidós, 2017.
  - Una introducción clara y precisa a los conceptos fundamentales de la astrofísica.

- **Mendizábal, Guillermo.** *El Sistema Solar: Introducción a los Misterios del Espacio.* Editorial Trillas, 2010.
  - Enfoque educativo sobre planetas, lunas y misiones espaciales.

---

2. Estrellas, Agujeros Negros y Galaxias

- **Hawking, Stephen.** *Breve Historia del Tiempo.* Editorial Crítica, 1988.
  - Una exploración de agujeros negros, galaxias y el origen del universo en términos accesibles.

- **Asimov, Isaac.** *El Universo: De la Tierra al Infinito.* Editorial Alianza, 1979.
  - Una visión integral del cosmos, incluyendo las estrellas y galaxias.

- **Chown, Marco.** *El Universo en tu Bolsillo.* Debate Editorial, 2004.
  - Descripciones detalladas de estrellas, galaxias y fenómenos gravitacionales.

---

3. Multiverso y Teorías Cosmológicas

- **Tegmark, Max.** *Nuestro Universo Matemático.* Debate Editorial, 2015.
    - Un análisis profundo del concepto de multiverso y su relación con las matemáticas.
- **Verde, Brian.** *El Universo Elegante.* Editorial Crítica, 1999.
    - Explicaciones sobre la teoría de cuerdas, dimensiones adicionales y el multiverso.
- **Krauss, Lorenzo.** *Un Universo de la Nada.* Editorial Pasado & Presente, 2012.
    - Reflexión sobre cómo el universo pudo surgir de la nada, con implicaciones para el multiverso.

---

4. Materia Oscura, Energía Oscura y Física Moderna

- **Ferrer, Francesc.** *Materia Oscura: El Lado Invisible del Universo.* Editorial Crítica, 2019.
    - Introducción a la materia oscura y su papel en la formación de estructuras cósmicas.
- **Carroll, Sean.** *La Partícula al Final del Universo.* Debate Editorial, 2013.
    - Explicación del bosón de Higgs y su relación con la energía oscura.
- **Barrow, John D.** *El Universo que Surgió de la Nada.* Editorial Paidós, 2002.
    - Reflexión filosófica y científica sobre las fuerzas fundamentales del universo.

---

5. Singularidad Inicial y el Origen del Universo

- **Penrose, Roger.** *Ciclos del Tiempo.* Debate Editorial, 2010.
  - Una teoría innovadora sobre el origen y la recurrencia del universo.
- **Hawking, Stephen y Mlodinow, Leonard.** *El Gran Diseño.* Editorial Crítica, 2010.
  - Reflexión sobre el origen del universo y las leyes que lo gobiernan.
- **González, Carlos.** *El Big Bang y Más Allá.* Editorial Síntesis, 2011.
  - Una exploración detallada de la singularidad inicial y la inflación cósmica.

---

6. Exploración del Multiverso y Más Allá

- **Kaku, Michio.** *Hiperespacio.* Editorial Crítica, 1994.
  - Una introducción a la teoría de cuerdas y el concepto de multiverso.
- **Rees, Martín.** *Sólo Seis Números.* Editorial Crítica, 1999.
  - Explicación sobre las constantes fundamentales que podrían variar en diferentes universos.
- **Linde, Andrei.** *Inflación Cósmica y el Multiverso.* Artículos traducidos al español disponibles en publicaciones académicas y científicas.

---

7. Filosofía y Reflexiones Cósmicas

- **Nieto Galán, Agustí.** *Historia Cultural de la Ciencia.* Debate Editorial, 2016.
    - Una reflexión sobre cómo los avances científicos transforman la visión de la humanidad.
- **Sagan, Carl.** *La Conexión Cósmica.* Editorial Crítica, 1973.
    - Un enfoque filosófico sobre el papel de la humanidad en el universo.
- **Filosofía y Cosmología:** Revistas académicas disponibles en plataformas como Scielo y Dialnet.

---

8. Recursos Digitales y Audiovisuales

- **Documentales:**
    - *Cosmos: Un viaje personal* (Carl Sagan) y *Cosmos: Una odisea del espacio-tiempo* (Neil deGrasse Tyson).
    - *La Historia del Universo* (Discovery Channel).
- **Portales Educativos:**
    - NASA en Español : https://ciencia.nasa.gov
    - Agencia Espacial Europea (ESA): https ://www .esa .int /esaCP /index_es .html

www.ingramcontent.com/pod-product-compliance
Lightning Source LLC
LaVergne TN
LVHW030217230826
846093LV00011B/504

* 9 7 9 8 3 0 3 0 3 0 6 1 9 *